潜入《せんにゅう》！ 3 「もの」は何からできている？──キュリーほか

天才科学者の実《じっ》験《けん》室《しつ》

わたしたちが紹介《しょうかい》するよ
Dr.シュガー
COBON《こぼん》ちゃん

佐藤文隆 編著　くさばよしみ 著　たなべたい 絵

目次

汐文社《ちょうぶんしゃ》

空気の正体

わたしたちは空気にかこまれて生きている。空気は目に見えないけれど、風がふけば感じることができる。

空気が水銀《すいぎん》をおし
上げているんだな
トリチェリ
1608～1647
山の上ほど
空気が軽いぞ
パスカル
1623～1662
これ以上《いじょう》
空気がぬけない
ボイル
1627～1691
あ、閉じ込めたら
火が消えた！
ラボアジェ
1743～1794
粒《つぶ》がぶつかる力が、
圧力《あつりょく》だ
ケルビン
1824～1907

空気に重さがあることを発見した。

高度によって空気の圧力《あつりょく》がちがうことを確《たし》かめた。

自作の真空《しんくう》ポンプを使って空気のはたらきを調べた。

空気は酸素《さんそ》や窒素《ちっそ》などいくつかの気体《きたい》が集まったものだと気づいた。

空気中には、原子《げんし》という小さな粒《つぶ》が飛《と》びかっていると考えた。

空気は粒《つぶ》の集まりだ

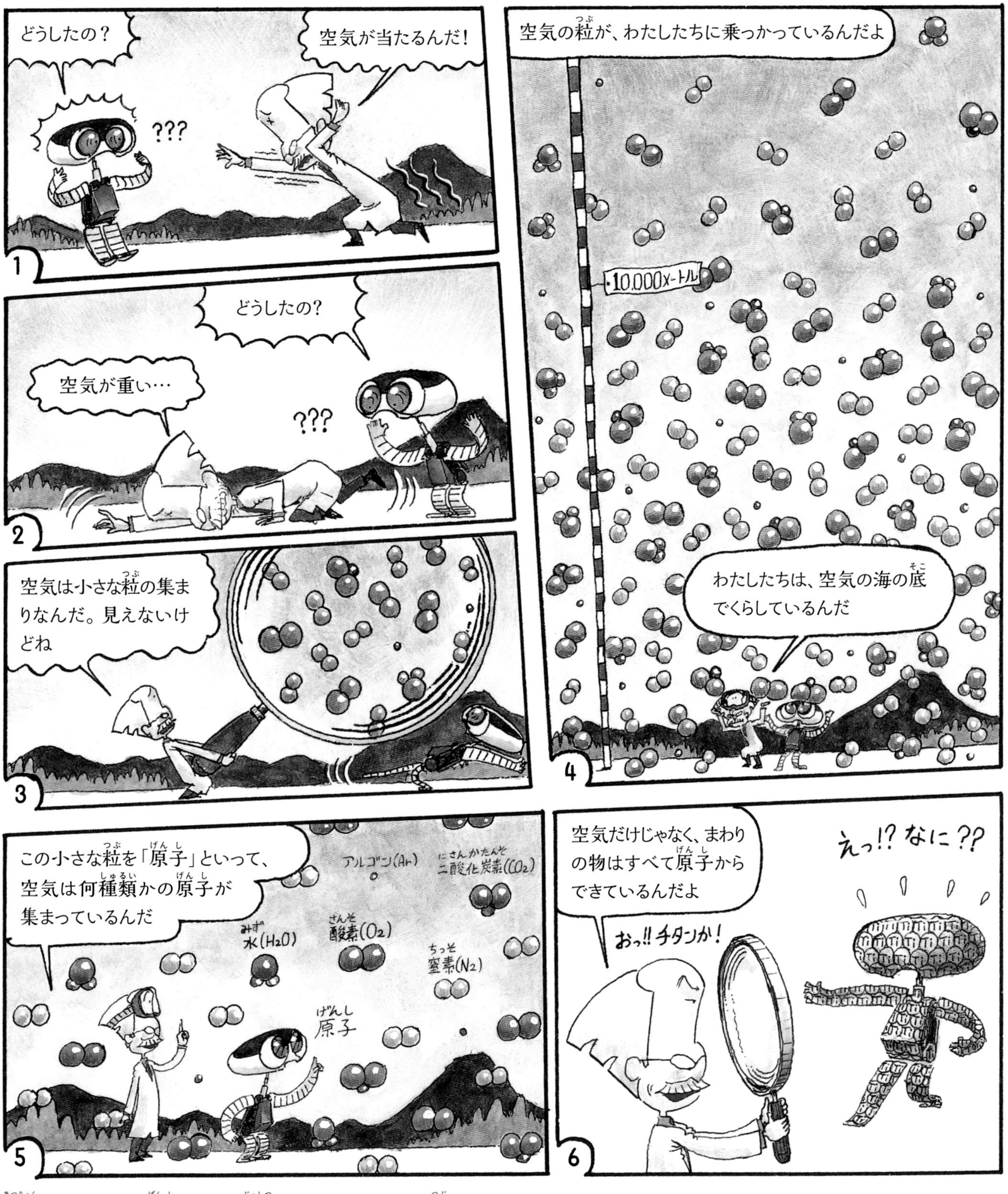

どうしたの？
空気が当たるんだ！
???
どうしたの？
空気が重い…
???
空気は小さな粒《つぶ》の集まりなんだ。見えないけどね
空気の粒《つぶ》が、わたしたちに乗っかっているんだよ
・10,000メートル
わたしたちは、空気の海の底《そこ》でくらしているんだ
この小さな粒《つぶ》を「原子《げんし》」といって、空気は何種類《しゅるい》かの原子《げんし》が集まっているんだ
アルゴン(Ar)
二酸化炭素《にさんかたんそ》(CO2)
水《みず》(H2O)
酸素《さんそ》(O2)
窒素《ちっそ》(N2)
原子《げんし》
空気だけじゃなく、まわりの物はすべて原子《げんし》からできているんだよ
えっ!? なに??
おっ!! チタンか！

圧力《あつりょく》：おしつける力。　原子《げんし》：すべての物質《ぶっしつ》のもとになっている小さな粒《つぶ》。

トリチェリの実験室《じっけんしつ》

空気に重さはあるのだろうか？　1643年、トリチェリは水銀《すいぎん》を使った実験《じっけん》で、そのことを確《たし》かめた。

トリチェリは、ガラス管《かん》を水銀《すいぎん》で満《まん》タンにして、水銀《すいぎん》をはったおけに逆《さか》さに立てたんだ。さて、ガラス管《かん》に入っていた水銀《すいぎん》はどうなると思う？
ぜんぶおけに流れ出てしまうんじゃないかな…？
ガラス管《かん》の上部にできた空間は、何もない「真空《しんくう》」だ。当時の人びとは、これにもおどろいたんだ。昔からずっと、この世に真空《しんくう》は存在《そんざい》しないと思われていたからね。
真空パック
あっガリレオさんの幽霊《ゆうれい》?!
真空《しんくう》
76センチ
空気の重さが表面にかかっている
実験《じっけん》はうまく進んでおるかね？
ガリレオ
トリチェリ望遠鏡《ぼうえんきょう》
羽根《はね》ペン
インクつぼ
水平器《すいへいき》
トリチェリはこの実験《じっけん》で、空気に重さがあることを証明《しょうめい》したんだ。そして空気の重さは、ガラス管《かん》に残《のこ》った76センチ分の水銀《すいぎん》の重さと同じってこともね。
天球儀《てんきゅうぎ》
ろうそく
虫めがね
コンパス
測量計《そくりょうけい》
メモ
トリチェリ
角度計《かくどけい》
方位磁針《ほういじしん》
いろんな長さのガラス管《かん》
水銀《すいぎん》は、このとき知られていた中でいちばん重い液体《えきたい》だった。水で同じ実験《じっけん》を行うなら、10メートルの管《くだ》が必要《ひつよう》になる。水は軽く、水銀《すいぎん》の14分の1の重さしかないので、空気でもっとおし上げられてしまうからなんだ。
トリチェリはガリレオの弟子で、ガリレオが死ぬまで研究をともにしたんだよ。

最初《さいしょ》は少しだけ流れ出たんだけど、あるところで止まったんだ。
これは、おけの水銀《すいぎん》の表面を、空気がおしているせいなんだ。表面にかかっている空気の重さとガラス管《かん》の水銀《すいぎん》の重さがつり合って、止まるんだ。
とまってる!!
本だな
釣り合いの原理 ステヴィン
生と死の自然誌 ベーコン
ノーヴェ・オルガヌム ベーコン
錬金術 リバヴィウス
鉱山の事柄 アグリコラ
二大世界説についての対話 ガリレイ
磁石と磁性・大磁石地球の自然学 ギルバート
方法序説 デカルト
世界の調和 ケプラー
大科学者の実験室①
大科学者の実験室②
実験室③
助手
水銀《すいぎん》
ガラス管《かん》
水銀《すいぎん》
おけ
アランビック蒸留器《じょうりゅうき》
助手
砂時計《すなどけい》
レトルト
液体《きたい》温度の
変化《んか》測定用《そくていよう》
のビン
温度計
湿度計量《しつどけいりょう》
グラス
おけ
比重計《ひじゅうけい》
ビン
折《お》りたたみ式
ものさし
計量《けいりょう》グラス

見えない空気のナゾを解《と》いた

空気の力は強かった

トリチェリの実験《じっけん》(4ページ)から20年後に、ゲーリケは空気をぬいた銅《どう》の球を使って、空気がおす力がどれだけ強いか証明《しょうめい》した。

2つの半球《はんきゅう》を合わせて、中の空気をぬいたんだ
ゲーリケ
真空《しんくう》ポンプ
ネジや接着剤《せっちゃくざい》でくっつけていないのに!
すごい! 引っ張ってもはずれない!

空気の重さは場所でちがった

トリチェリの実験《じっけん》を聞いたパスカルは、山の上で同じ実験《じっけん》をした。

山頂《さんちょう》では水銀《すいぎん》の高さが低いぞ…ってことは、おけの水銀《すいぎん》をおす空気の力が弱いってことだな
パスカル
おけ

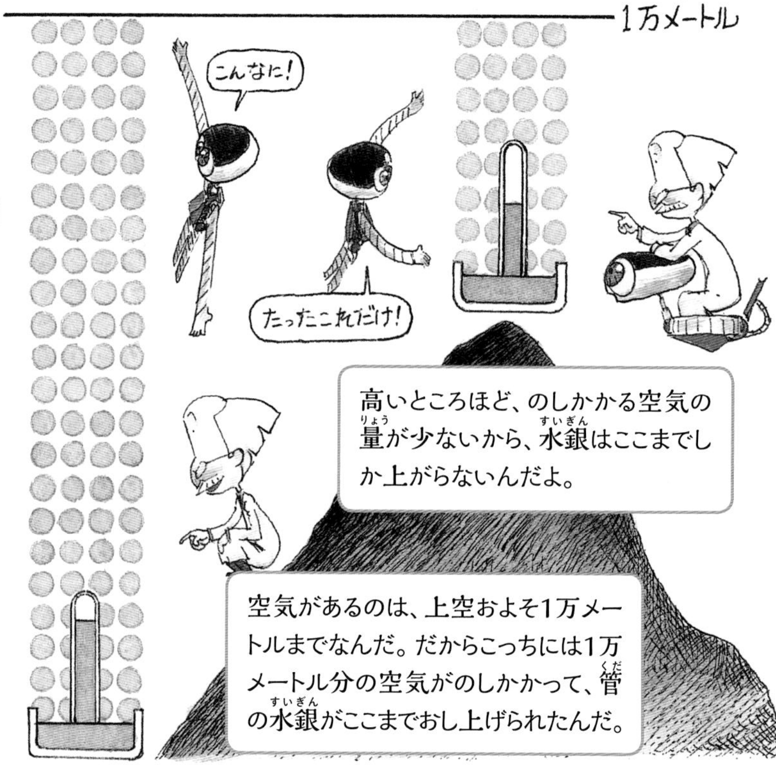

1万メートル
こんなに!
たったこれだけ!
高いところほど、のしかかる空気の量《りょう》が少ないから、水銀《すいぎん》はここまでしか上がらないんだよ。
空気があるのは、上空およそ1万メートルまでなんだ。だからこっちには1万メートル分の空気がのしかかって、管《くだ》の水銀《すいぎん》がここまでおし上げられたんだ。

マクデブルクという町で行われたので、「マクデブルクの実験《じっけん》」と言われている有名な実験《じっけん》なんだよ。

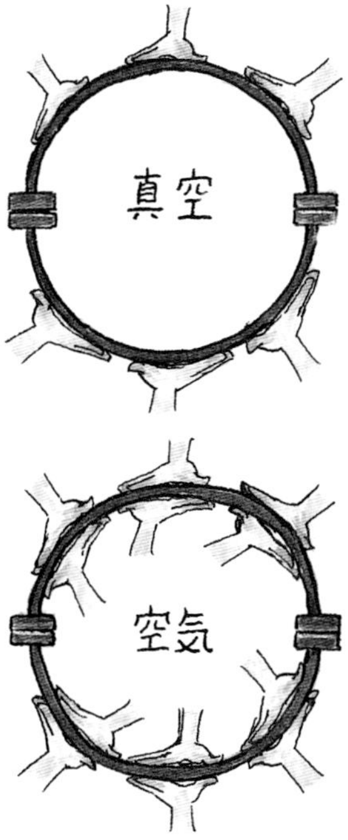
真空
空気

球の中が真空《しんくう》だと、外からおす力だけになって、強い力で引っ張ってもはずれない

中に空気があると、中からおす力と外からおす力がつり合うので、かんたんにはずれる

空気は粒《つぶ》とすき間でできていた

空気は温めるとふくらむんだ。ケルビンはその理由を、「粒《つぶ》がいっそう激《はげ》しく飛《と》び回るからだ」と考えた。

ケルビン

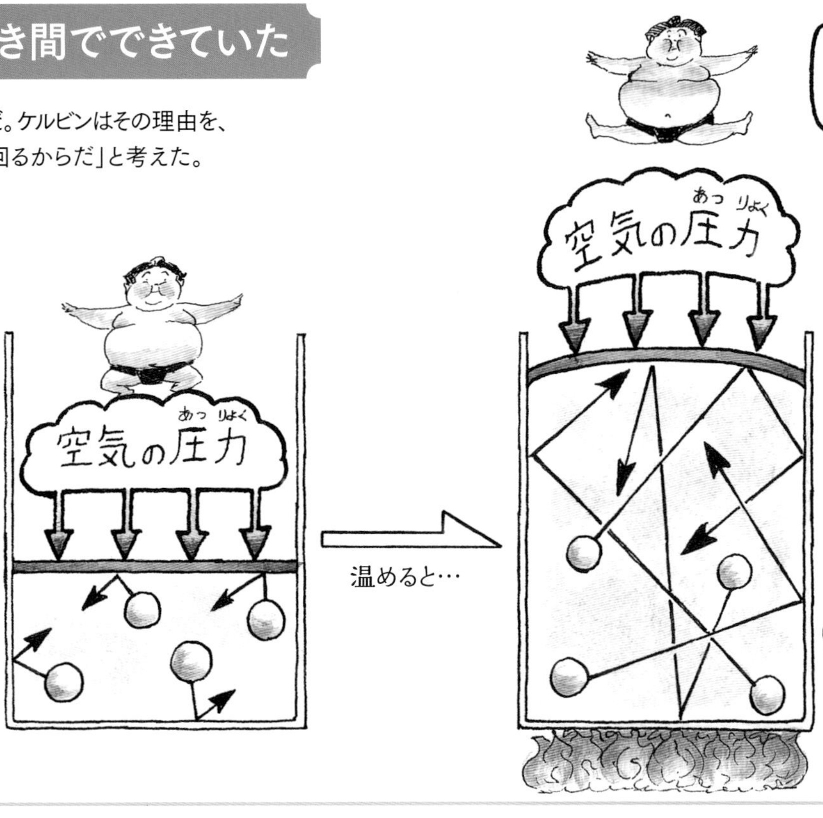
空気の圧力《あつりょく》
温めると…
空気の圧力《あつりよく》

お湯がわくとふたがうくのは、そのせいだね！

光の正体

太陽の光はすき通っているけど、じつはさまざまな色の集まりだ。太陽ではいろんな物質《ぶっしつ》が燃《も》えていて、それぞれがちがう色を出しているんだ。

このすき間はなんだろう？
フランホーファー
1787～1826
あれ？光は広がるぞ
ヤング
1773～1829
光の色を調べれば、太陽が何でできているかもわかっちゃう！
すごい！手を通りぬけるぞ
光の強さは1個《こ》、2個《こ》と数えられるのさ
$\varepsilon = h\nu$
ブンゼン
1811～1899
レントゲン
1845～1923
プランク
1858～1947

太陽の光にすき間があるのを見つけてくわしく観察《かんさつ》し、ブンゼンの発見につながった。

光は波のように進むことを発見した。

元素《げんそ》によって、出る光の色がちがうことを発見した。

目に見えない光、エックス線を発見した。

「量子論《りょうしろん》」という新しい考えを唱《とな》えて、光と原子《げんし》のナゾにせまった。

光はどこから出る？

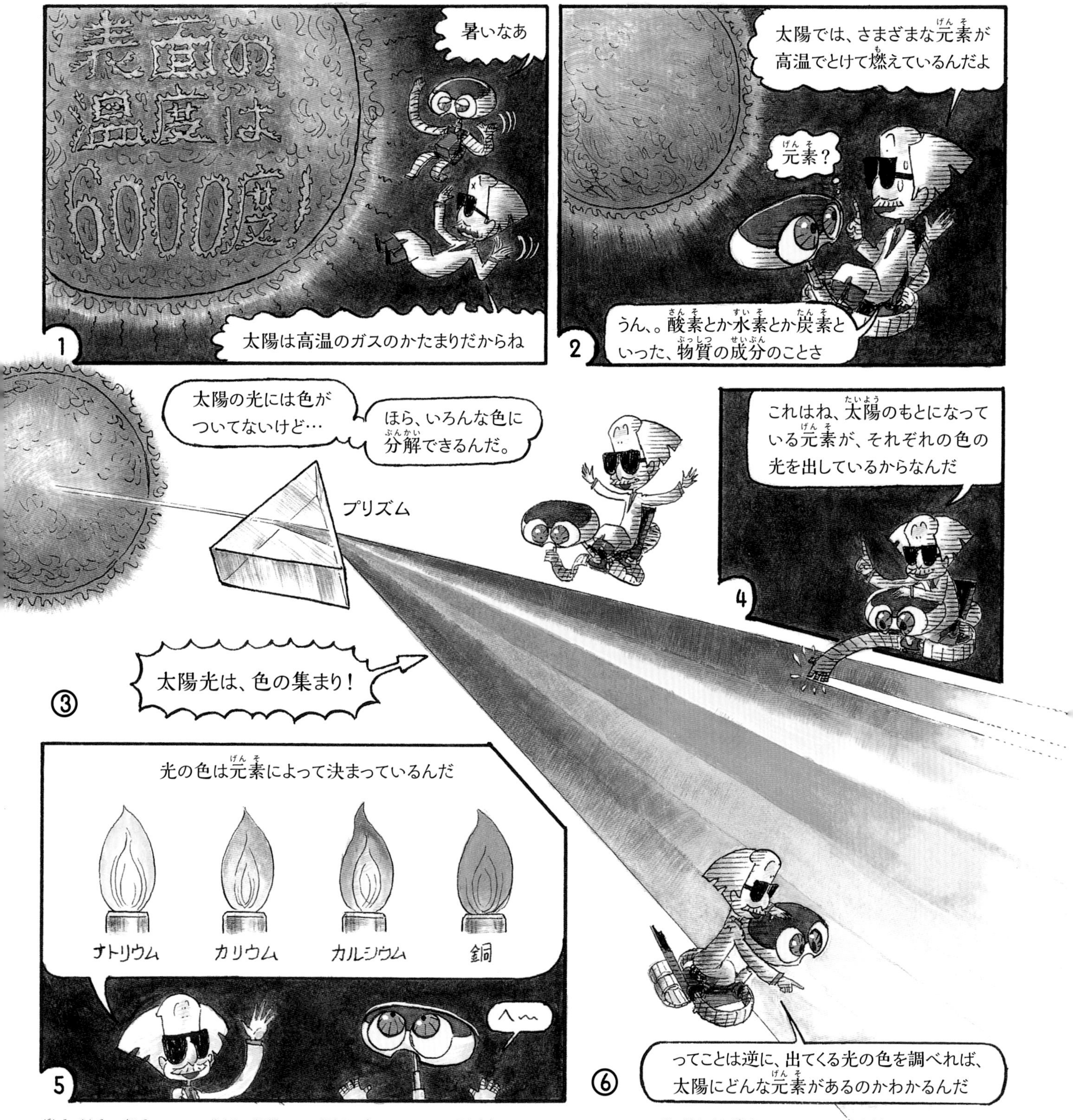

表面の温度は6000度！
暑いなあ
太陽は高温のガスのかたまりだからね
1
太陽では、さまざまな元素《げんそ》が高温でとけて燃《も》えているんだよ
元素《げんそ》？
うん、。酸素《さんそ》とか水素《すいそ》とか炭素《たんそ》といった、物質《ぶっしつ》の成分《せいぶん》のことさ
2
太陽の光には色がついてないけど…
ほら、いろんな色に分解《ぶんかい》できるんだ。
プリズム
太陽光は、色の集まり！
③
これはね、太陽《たいよう》のもとになっている元素《げんそ》が、それぞれの色の光を出しているからなんだ
4
光の色は元素《げんそ》によって決まっているんだ
ナトリウム
カリウム
カルシウム
銅
へ〜
5
⑥
ってことは逆に、出てくる光の色を調べれば、太陽にどんな元素《げんそ》があるのかわかるんだ

元素《げんそ》：酸素《さんそ》や水素《すいそ》のような、物質《ぶっしつ》の成分《せいぶん》。物を性質《せいしつ》で分《わ》けたときそれ以上《いじょう》分《わ》けられないもの。　エックス線《せん》：放射線《ほうしゃせん》（原子《げんし》の中心にある原子核《げんしかく》がこわれるときに出る粒《つぶ》）の一種《いっしゅ》。　量子論《りょうしろん》：原子《げんし》より小さい世界の法則《ほうそく》。パソコンやスマホやLED《エルイーディー》などのハイテク製品《せいひん》は、この法則《ほうそく》で動いている。　原子《げんし》：すべての物質《ぶっしつ》のもとになっている小さな粒《つぶ》。

ブンゼンの実験室《じっけんしつ》

いろんな元素《げんそ》を高温に熱《ねつ》してかがやかせ、出てくる光を調べたら、元素《げんそ》によって光の色がちがうことがわかった。

実験《じっけん》を手伝っているのはキルヒホフ。電気の研究で有名な人だけど、光にも興味《きょうみ》を持って、ブンゼンの実験《じっけん》に参加《さんか》したんだ。

ブンゼンは、元素《げんそ》から出る光をプリズムに通して観察《かんさつ》したんだ。すると、元《げん》素《そ》によって色の出方がちがったんだ。
ブンゼン電池
試薬《しやく》ビン
キルヒホフ
テストグラス
ピペット
ビーカー
洗《せん》ビン
吹管《すいかん》
おけ
試薬《しやく》ビン
試薬《しやく》ビン
太陽光のスペクトル
400
450
500
550
600
650
700
水銀
ネオン
ヘリウム
ナトリウム
水素
色えんぴつ
ブンゼンのノート
ろうそく
コーヒー
プレッツェル
ソーセージ
ビール
本
ポテト
Farbstift
JOHANN FABER
ということは、目の前の物質《ぶっしつ》が何からできているのかわからなくても、熱《ねつ》して光らせればいいんだよ。光の色を調べれば、その物質《ぶっしつ》にどんな元素《げんそ》がふくまれているかがわかるってわけだ。

元素《げんそ》：酸素《さんそ》や水素《すいそ》といった、物質《ぶっしつ》の成分《せいぶん》。物を性質《せいしつ》で分《わ》けたときそれ以上《いじょう》分《わ》けられないもの。　スペクトル：プリズムで分解《ぶんかい》された色の帯《おび》の並《なら》び。　プリズム：光を曲げて分解《ぶんかい》する道具で、ふつうは三角形の透明《とうめい》なガラス。

光って何だ？

光は波？光は粒《つぶ》？

「光」っていったい何だろう？長いあいだ科学者もなやんできた。そして200年前、ヤングは光を2つの穴《あな》に通してその正体をつきとめようとした。

1678年

光は波だ。だって広がるもん！

1704年

光は粒《つぶ》だ。だってまっすぐ進むもん

1801年

いやニュートンさん、光は粒《つぶ》じゃなくて波です。こんな実験《じっけん》をしてみましょう

光を2つの穴《あな》に通して、スクリーンに映《うつ》します

もし光が鉄砲玉《てっぽうだま》みたいな粒《つぶ》だったら、穴《あな》を通った光は、穴《あな》と同じ形に映《うつ》るはずです

でも、明るいところと暗いところの、しまもようになったんです。これが証拠《しょうこ》です！

水の波は、高いところどうしが重なるとさらに高くなり、高いところと低いところが重なると打ち消し合う。それと同じように、光も波のように進むとヤングは考えた

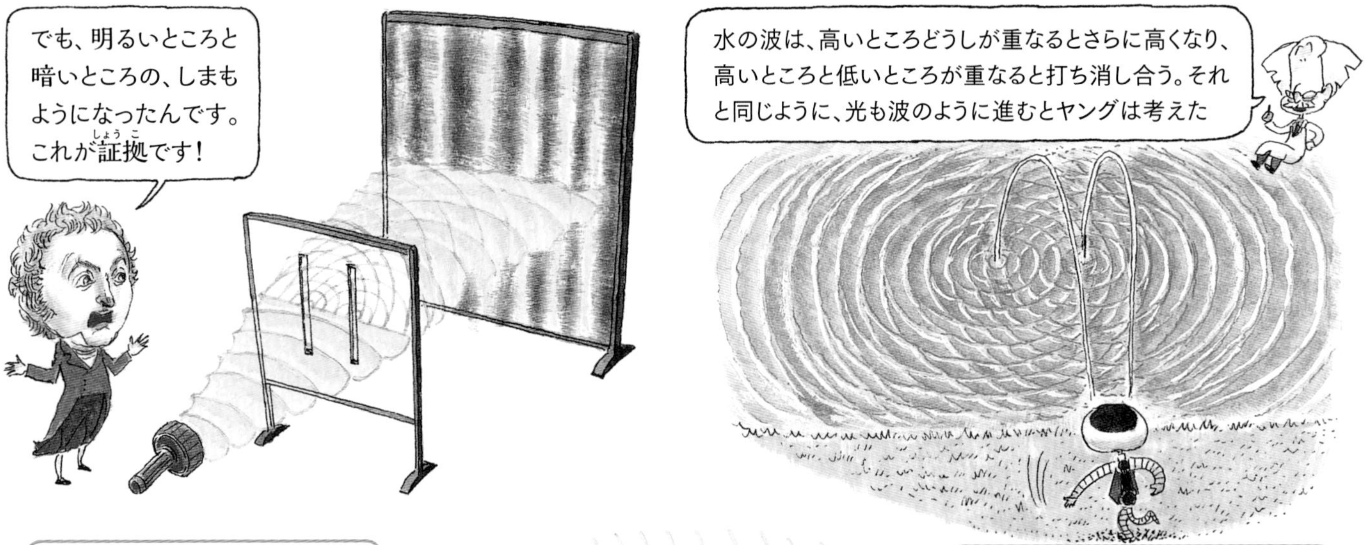

電波は光のひとつなんだ。山のかげでもスマホに電波がとどくのは、波のように進むからだよ。

いまは、光は波と粒《つぶ》の両方の性質《せいしつ》を持つと考えられている。そう考えると、光にまつわるいろんなことが、ナルホドとなっとくできるんだ。

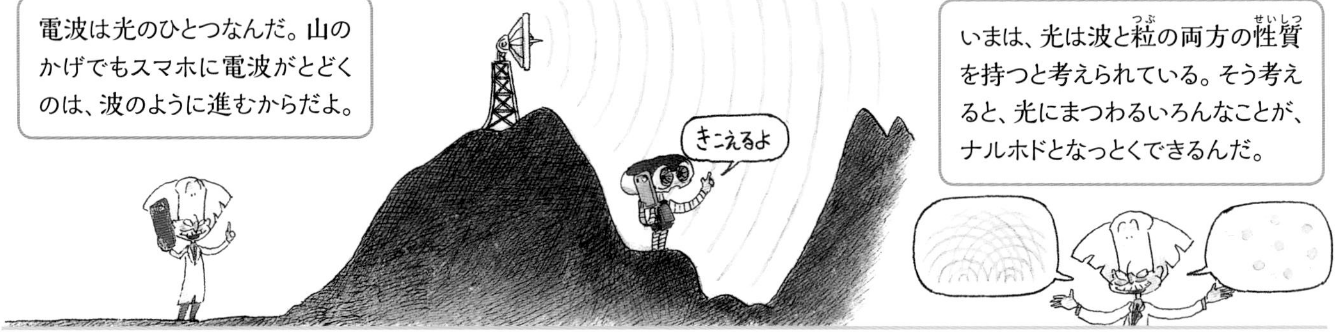

光に速さはある?

長いあいだ、光の速度は無限《むげん》だと思われていた。これを疑問《ぎもん》に思ったガリレオは、はじめて光の速さをはかる実験《じっけん》を考えた。

ガリレオ
あれっ!! 博士じゃない!!
2人はどんどん離《はな》れながら実験《じっけん》をくりかえす。離《はな》れるにつれて、相手の光を見るタイミングがおそくなれば、光に決まった速さがあることの証拠《しょうこ》になるよ
2人が遠くはなれて、光を送り合う実験《じっけん》だ。まず、一方が光をかざす。片方《かたほう》は、それを見たらすぐに光をかざして「見たよ」の合図をするんだ
送ったよ〜
あっ! 見えた!!
ガリレオ
光は速すぎて、こんな方法ではとてもはかれなかったけれど、当時はそもそも光の速さなんて見当《けんとう》もついてなかったんだ。それを実験《じっけん》で確《たし》かめようとしたガリレオは、えらい!

光は1つ2つと数えられた!

プランク(8ページ)によって、光の強さは算数の式であらわせることがわかり、光の色から温度をはかる技術《ぎじゅつ》が生まれた。

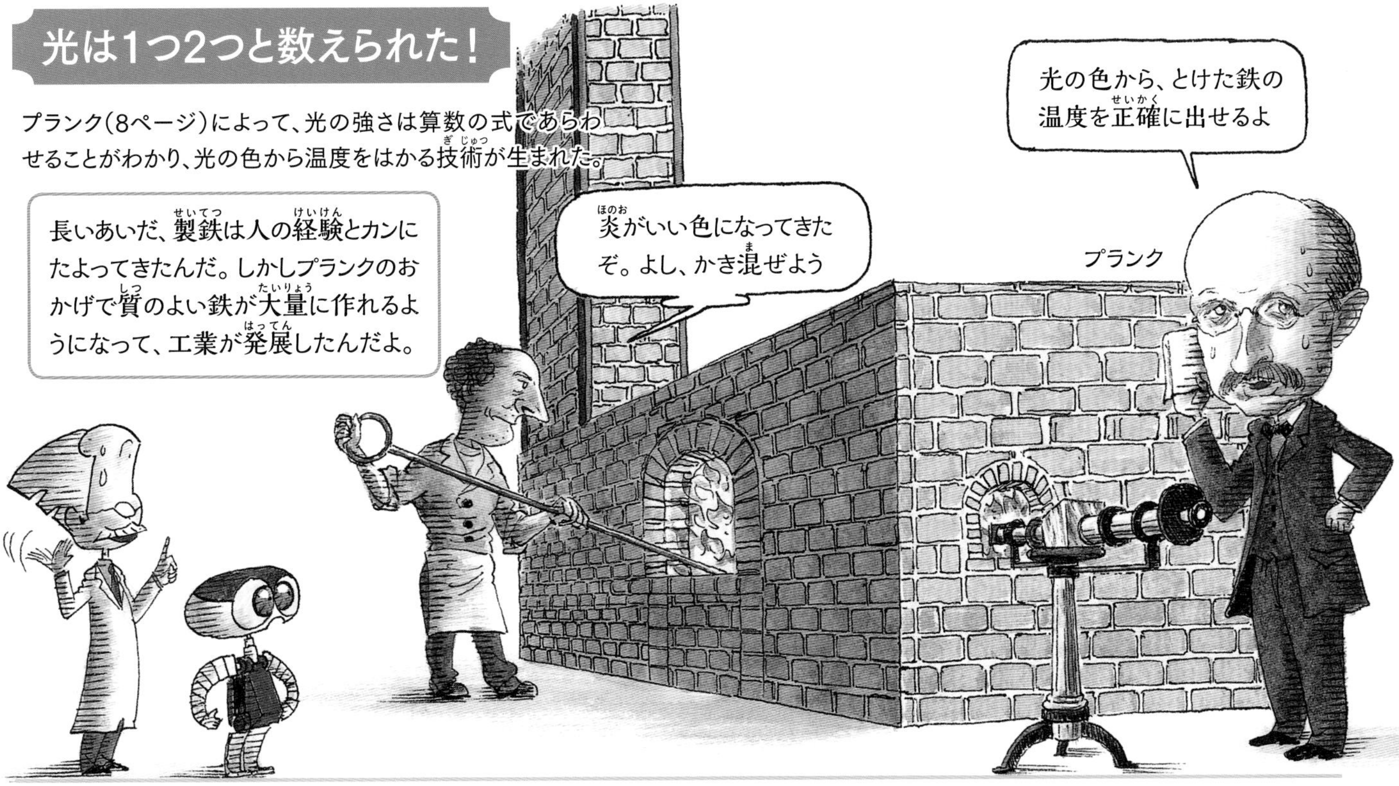
長いあいだ、製鉄《せいてつ》は人の経験《けいけん》とカンにたよってきたんだ。しかしプランクのおかげで質《しつ》のよい鉄が大量《たいりょう》に作れるようになって、工業が発展《はってん》したんだよ。
炎《ほのお》がいい色になってきたぞ。よし、かき混《ま》ぜよう
光の色から、とけた鉄の温度を正確《せいかく》に出せるよ
プランク

電波:空中を伝わる電気。

電気の正体

テレビ、パソコン、スマホ、冷蔵庫《れいぞうこ》…身のまわりの便利《べんり》なものは、すべて電気で動いている。そして自然《しぜん》にある石ころや鉄や生き物にも、電気の力がはたらいているんだ。

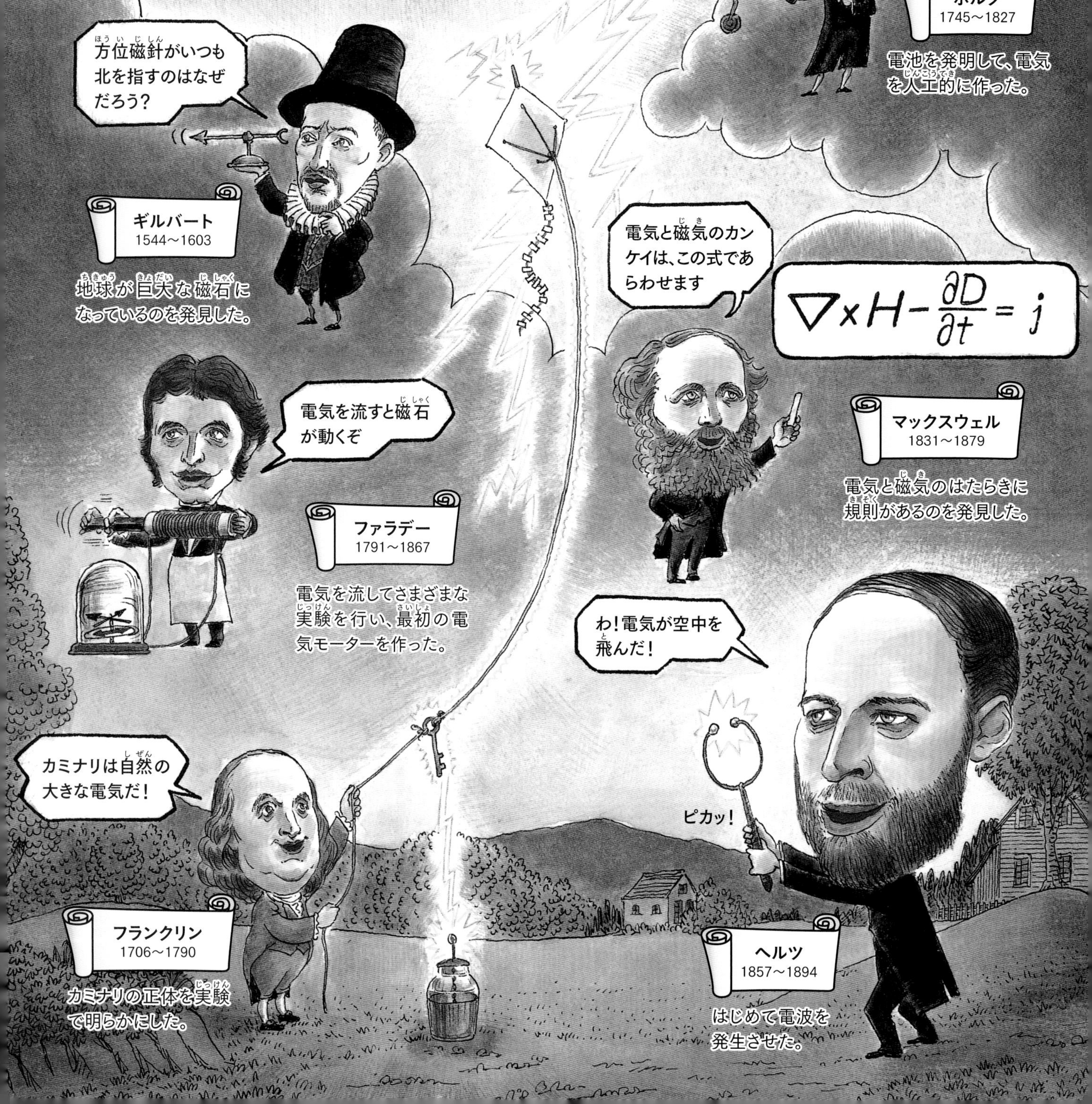
これで好きなときに好きなだけ電気が流せるよ
方位磁針《ほういじしん》がいつも北を指すのはなぜだろう?
電気と磁気《じき》のカンケイは、この式であらわせます
$\nabla \times H - \frac{\partial D}{\partial t} = j$
電気を流すと磁石《じしゃく》が動くぞ
わ!電気が空中を飛《と》んだ!
カミナリは自然《しぜん》の大きな電気だ!
ピカッ!

ボルタ 1745〜1827
電池を発明して、電気を人工的《じんこうてき》に作った。

ギルバート 1544〜1603
地球《ちきゅう》が巨大《きょだい》な磁石《じしゃく》になっているのを発見した。

マックスウェル 1831〜1879
電気と磁気《じき》のはたらきに規則《きそく》があるのを発見した。

ファラデー 1791〜1867
電気を流してさまざまな実験《じっけん》を行い、最初《さいしょ》の電気モーターを作った。

フランクリン 1706〜1790
カミナリの正体を実験《じっけん》で明らかにした。

ヘルツ 1857〜1894
はじめて電波を発生させた。

電気は自然《しぜん》の中にひそんでいた

1
あっ！停電《ていでん》！
冷凍庫《れいとうこ》のアイスがとけちゃう！
パソコンが使えない！
2
明かりがついた！
電気のない生活は考えられないね
NEWS web
電車復旧!!
MTT
3
電気って、もともと自然《しぜん》の中にあるんだ
まさつでビリビリしたり、物を引きよせたりする力は、昔《むかし》から知られていたんだよ
琥珀《こはく》
4
その正体はナゾだったけどね
あらふしぎ！琥珀《こはく》に羽根《はね》がくっつくぞ
よくわかんないけど、『電気』と名づけておこう
ミレトスのタレスさん
5
人びとは長い年月をかけて、物の中にひそんでいる電気を取り出すことに成功《せいこう》したんだ
6
そして、電気を起こす方法や電気で動く便利《べんり》な道具を、次つぎに発明していったんだ

磁気《じき》：磁石《じしゃく》のN極《きょく》どうしは反発し、N極《きょく》とS極《きょく》は引き合う、この力のこと。　電波：空中を伝わる電気。　琥珀《こはく》：木のやにの化石。昔《むかし》から宝石《ほうせき》として用いられてきた。

ヘルツの実験室《じっけんしつ》

電気が空間を伝わることを、実験《じっけん》で確《たし》かめた。

この式、どういう意味？
これはマックスウェル（14ページ）が考えた有名な式だ。電気と磁気《じき》の法則《ほうそく》がこの4つですべてあらわせるんだよ。この式が正しいかどうかを、ヘルツはいろんな実験《じっけん》をして確《たし》かめたんだ。この実験《じっけん》もその一つだよ。
それまでは、電気は電線の中でしか伝わらないと思われていたんだ。この実《じっ》験《けん》で、電線がなくても電気は空中を伝ってとどくことがわかったんだ。
このとき発見された「空間を伝わる電気」は、いまわたしたちが「電波」と呼《よ》んでいるものだ。
磁力線《じりょくせん》はとぎれない。
$\nabla \cdot B = 0$
磁場《じば》の変化で電気が起きる。
$\nabla \times E + \frac{\partial B}{\partial t} = 0$
電気のまわりに電場《でんば》ができる。
$\nabla \cdot D = \rho$
電流が磁場《じば》を作る。
$\nabla \times H - \frac{\partial D}{\partial t} = j$
……
助手
変圧器《へんあつき》
スイッチ
電流計
電波発生装置《そうち》
いろんなタイプのバッテリー
予備《よび》のバッテリー
バッテリー（電池）
ライデンビン
変圧器《へんあつき》

ヘルツは、電波が伝わる速さは光の速さと同じってことも見つけたんだ。
電波
じつは、光は電波と同じもので、波長《はちょう》がちがうだけなんだ。これはあとでわかったんだけどね。
電波の伝わり方
波長《はちょう》
光の伝わり方
あ！見えないけどなんか来た！
ピカッ
ヘルツ
ウィムズハースト式誘導起電機《ゆうどうきでんき》
レシーバー
スイッチ
いろんなタイプの電波発生装置《そうち》
電波発生装置《そうち》
ヘルツが電波を発見したおかげで無線《むせん》が発明された。テレビもスマホも、ヘルツのおかげだね。
TV
もしも〜し
電波発生装置《そうち》
いろんなタイプのレシーバー

磁気《じき》：磁石《じしゃく》のN極《きょく》どうしは反発し、N極《きょく》とS極《きょく》は引き合う、この力のこと。　磁力線《じりょくせん》：磁気《じき》がはたらくようすを線にたとえて、こういう。　磁場《じば》：磁気《じき》の力がおよんでいる場所。　電場《でんば》：電気の力がおよんでいる場所。

2つの電気

自然《しぜん》の中にあった「静《しず》かな電気」

電気という言葉がなかった大昔《おおむかし》から、人びとはふしぎな力に気づいていた。

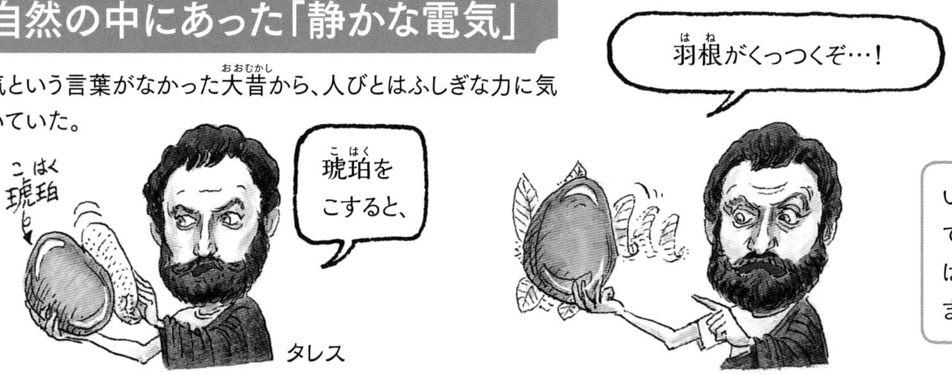

琥珀《こはく》
琥珀《こはく》をこすると、
羽根《はね》がくっつくぞ…！
タレス

いまでは「静電気《せいでんき》」と呼《よ》ばれるできごとを最初《さいしょ》に発見したのは、古代ギリシアのタレスだ。いまから2600年前のことだよ。

プラスチックの下じきにかみの毛がくっつくのも、自然《しぜん》の中にある静電気《せいでんき》のしわざだ。

かみの毛にも下じきにも、プラスとマイナスがそれぞれ同じ数あるんだ。

スリ
スリ

こすると、かみの毛のマイナスが下じきに取られて…

下じきにたまったマイナスと、かみの毛に残《のこ》ったプラスが引き合って、くっついちゃった！

2つの物をこすったとき、プラスになりやすい物とマイナスになりやすい物があるんだ。

＋の電気をおびる物
かみの毛
ガラス
毛糸

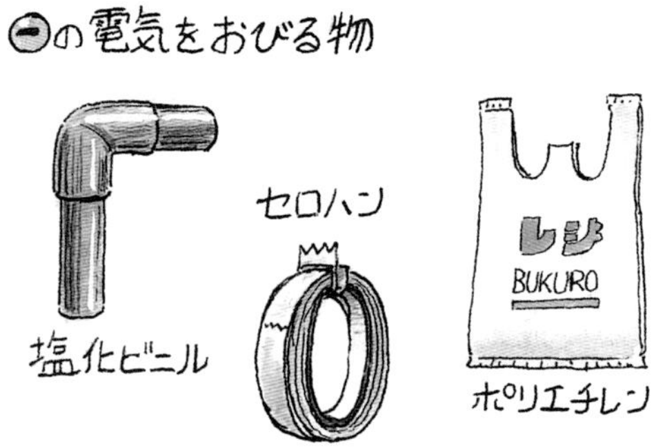

－の電気をおびる物
塩化ビニル
セロハン
ポリエチレン
レジ
BUKURO

電気の正体は、電子《でんし》という粒《つぶ》

すべての物は原子《げんし》という小さな粒《つぶ》からできていて、原子《げんし》の中に電《でん》子《し》と呼ばれるマイナスの粒《つぶ》がある。この電子《でんし》の一部が原子《げんし》を飛《と》び出すと、物は電気をおびるんだ。

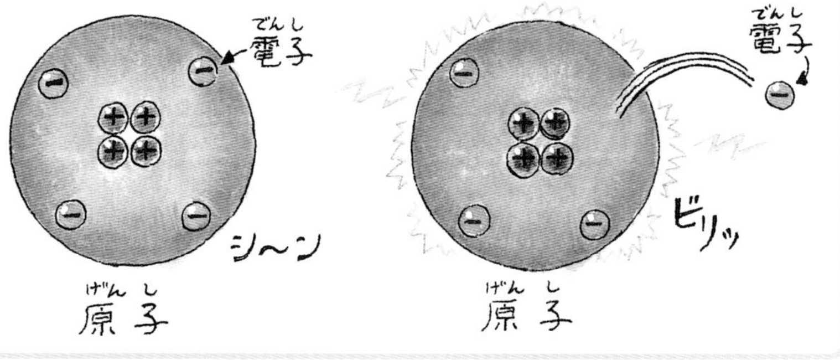

電子《でんし》
シ～ン
原子《げんし》
電子《でんし》
ビリッ
原子《げんし》

人間が作った「流れる電気」

200年ほど前にボルタが電池を発明して、はじめて電気を人工的《じんこうてき》に流すことに成功《せいこう》した。

ボルタより前に、解剖《かいぼう》学者のガルバーニが死んだカエルの足を金属《きんぞく》ではさんだとき、足がけいれんした。ガルバーニは、動物のからだに動物電気があるからだと考えたが、ボルタは「動物が電気を起こすのだろうか」とうたがった。

ボルタの発明のきっかけは、カエルの足なんだ。
カエルのからだが電気を起こしたんだ！
ちがう！電気が流れたのは、金属《きんぞく》のせいなんだ
カエルのかわりに食塩水でしめらせた紙を用意して、銅《どう》と亜鉛《あえん》の板ではさんでみよう。ほら、電気が流れるよ
ガルバーニ
ボルタ
しめった紙に電気がないのと同じで、カエルが電気を起こしたわけじゃないよ
Cu
Zn
ボルタはしめった紙と金属《きんぞく》を何枚も重ねて、世界ではじめて電池を作ったんだよ。
いや、にてるケド…
ボルタの電堆《でんたい》
電池が発明されたおかげで、電気がいつでも自由に流せるようになり、電気を使った便利《べんり》な道具《どうぐ》がどんどん発明されていったんだ。
1.5V
電池の1.5ボルトとか電球の100ボルトという単位は、ボルタからきているんだよ。

電流の正体は、電子《でんし》の向きがそろうこと

スイッチを入れると、電《でん》子《し》がいっせいに同じ向きにちょこっと動く。これによって電気が通り、電球がつくんだよ。

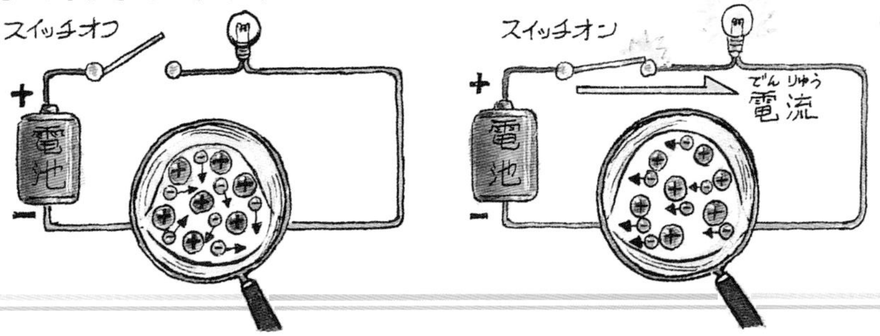

スイッチオフ
+
電池
-
スイッチオン
+
電池
-
電流《でんりゅう》

電線の中で、こんなことが起きているんだね！

物の正体

石ころも水も人間も星も、すべての物は原子《げんし》という目に見えない小さな粒《つぶ》が集まってできている。原子《げんし》が持っている電気の力が原子《げんし》どうしを結《むす》び合わせて、いろんな形を作っているんだよ。

原子《げんし》がこんなにならんでいる！
金属《きんぞく》は電気をよく通すみたいだな
トランジスタ
これでコンピューターはどんどん小型《こがた》にできるよ
あれ？まるでトンネルをぬけたみたいだ…
パソコンやスマホが世界中に広まったのも、この石のおかげさ
シリコン
電子《でんし》

オーム
1789～1854

電気の通りやすさは物によってちがうことを発見した。

ブラッグ親子
1862～1942
1890～1971

いろんな物にエックス線《せん》を当てて、原子《げんし》のならび方を見ることに成功《せいこう》した。

ショックレー
1910～1989

固体《こたい》に流れる電気を自由にあやつるしくみを発明した。

江崎玲於奈《えさきれおな》
1925～

物質《ぶっしつ》の中で電子《でんし》がふしぎな動きをするナゾをとき、コンピューターの急速な進歩につながった。

アルフョーロフ
1930～2019

シリコンという石を材料《ざいりょう》にしてハイテク部品を大量《たいりょう》に作れるようにした。

身のまわりの物を、かたさのちがいで分《わ》けてみよう。

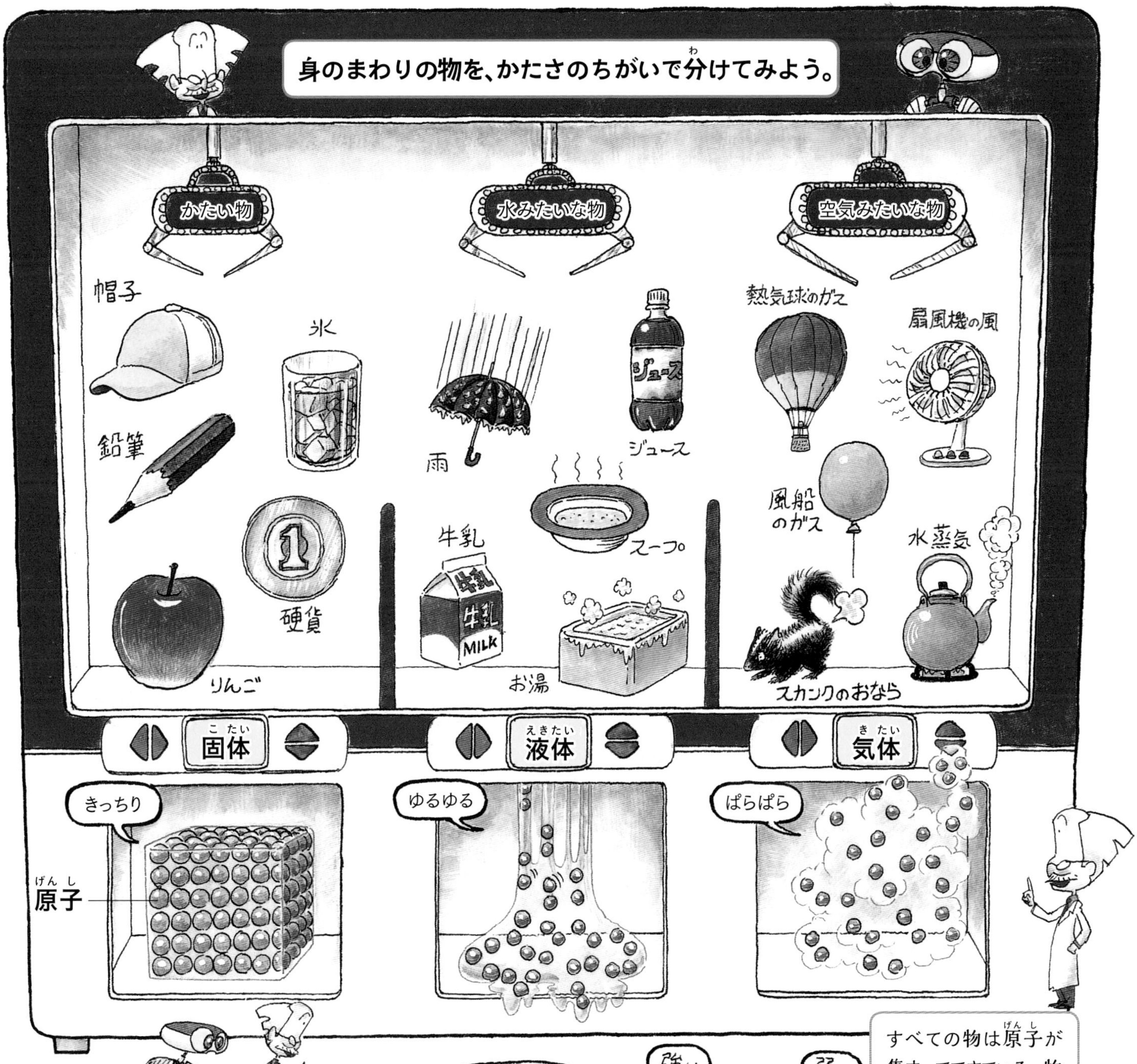
かたい物
水みたいな物
空気みたいな物
帽子
氷
鉛筆
硬貨
りんご
雨
牛乳
スープ
ジュース
お湯
熱気球のガス
扇風機の風
風船のガス
水蒸気
スカンクのおなら
固体《こたい》
液体《えきたい》
気体《きたい》
きっちり
ゆるゆる
ぱらぱら
原子《げんし》

原子《げんし》は118種類《しゅるい》もあって、持っている電気の力がそれぞれちがうんだ。電気の力が強いほど原子《げんし》と原子《げんし》は強く結《むす》ばれて、かたい物になるんだよ。

ぼくは原子《げんし》！
ガッチリ
強い
弱い
ユル～リ

すべての物は原子《げんし》が集まってできている。物のかたさがちがうのは、原子《げんし》の結《むす》びつきの強さがちがうからなんだ。

原子《げんし》：すべての物質《ぶっしつ》のもとになっている小さな粒《つぶ》。　エックス線《せん》：放射線《ほうしゃせん》の一種《いっしゅ》。レントゲンが発見した。　電子《でんし》：原子《げんし》の中にあるマイナスの粒《つぶ》。　シリコン：石の中にある、ケイ素《そ》という元素《げんそ》。

江崎玲於奈《えさきれおな》の実験室《じっけんしつ》

江崎玲於奈《えさきれおな》が電機《でんき》会社の社員だったとき、不良品《ふりょうひん》になった製品《せいひん》を調べていたら、電気がふしぎな流れ方をしたことに気づいた。ノーベル賞《しょう》につながる大発見だった。

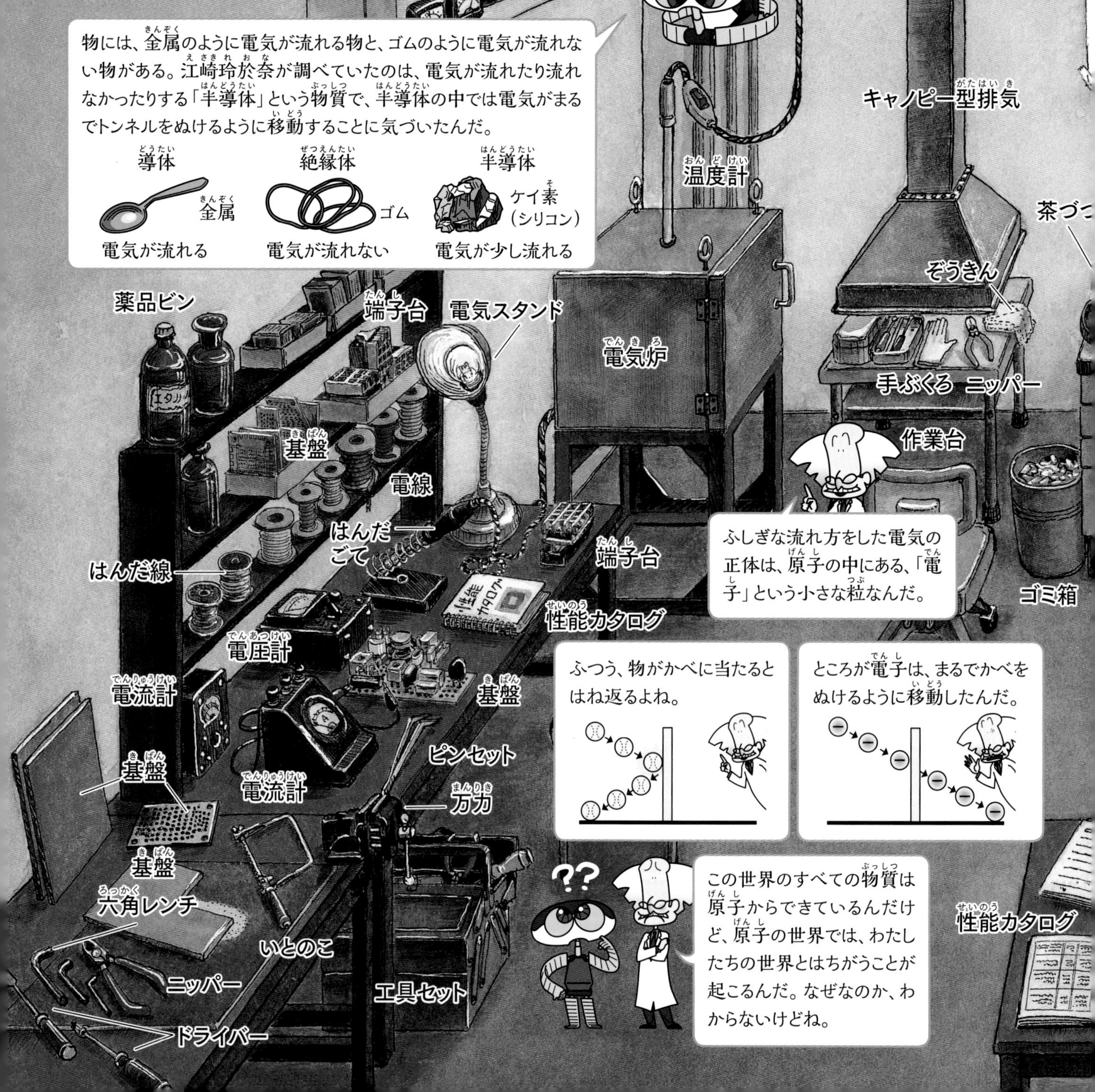

物には、金属《きんぞく》のように電気が流れる物と、ゴムのように電気が流れない物がある。江崎玲於奈《えさきれおな》が調べていたのは、電気が流れたり流れなかったりする「半導体《はんどうたい》」という物質《ぶっしつ》で、半導体《はんどうたい》の中では電気がまるでトンネルをぬけるように移動《いどう》することに気づいたんだ。
導体《どうたい》
金属《きんぞく》
電気が流れる
絶縁体《ぜつえんたい》
ゴム
電気が流れない
半導体《はんどうたい》
ケイ素《そ》(シリコン)
電気が少し流れる
キャノピー型排気《がたはいき》
温度計《おんどけい》
茶づつ
ぞうきん
手ぶくろ
ニッパー
作業台
ゴミ箱
電気炉《でんきろ》
薬品ビン
端子《たんし》台
電気スタンド
基盤《きばん》
電線
はんだごて
端子《たんし》台
はんだ線
性能《せいのう》カタログ
電圧計《でんあつけい》
電流計《でんりゅうけい》
基盤《きばん》
ピンセット
基盤《きばん》
電流計《でんりゅうけい》
万力《まんりき》
基盤《きばん》
六角《ろっかく》レンチ
いとのこ
ニッパー
工具セット
ドライバー
性能《せいのう》カタログ
ふしぎな流れ方をした電気の正体は、原子《げんし》の中にある、「電子《でんし》」という小さな粒《つぶ》なんだ。
ふつう、物がかべに当たるとはね返るよね。
ところが電子《でんし》は、まるでかべをぬけるように移動《いどう》したんだ。
??
この世界のすべての物質《ぶっしつ》は原子《げんし》からできているんだけど、原子《げんし》の世界では、わたしたちの世界とはちがうことが起こるんだ。なぜなのか、わからないけどね。

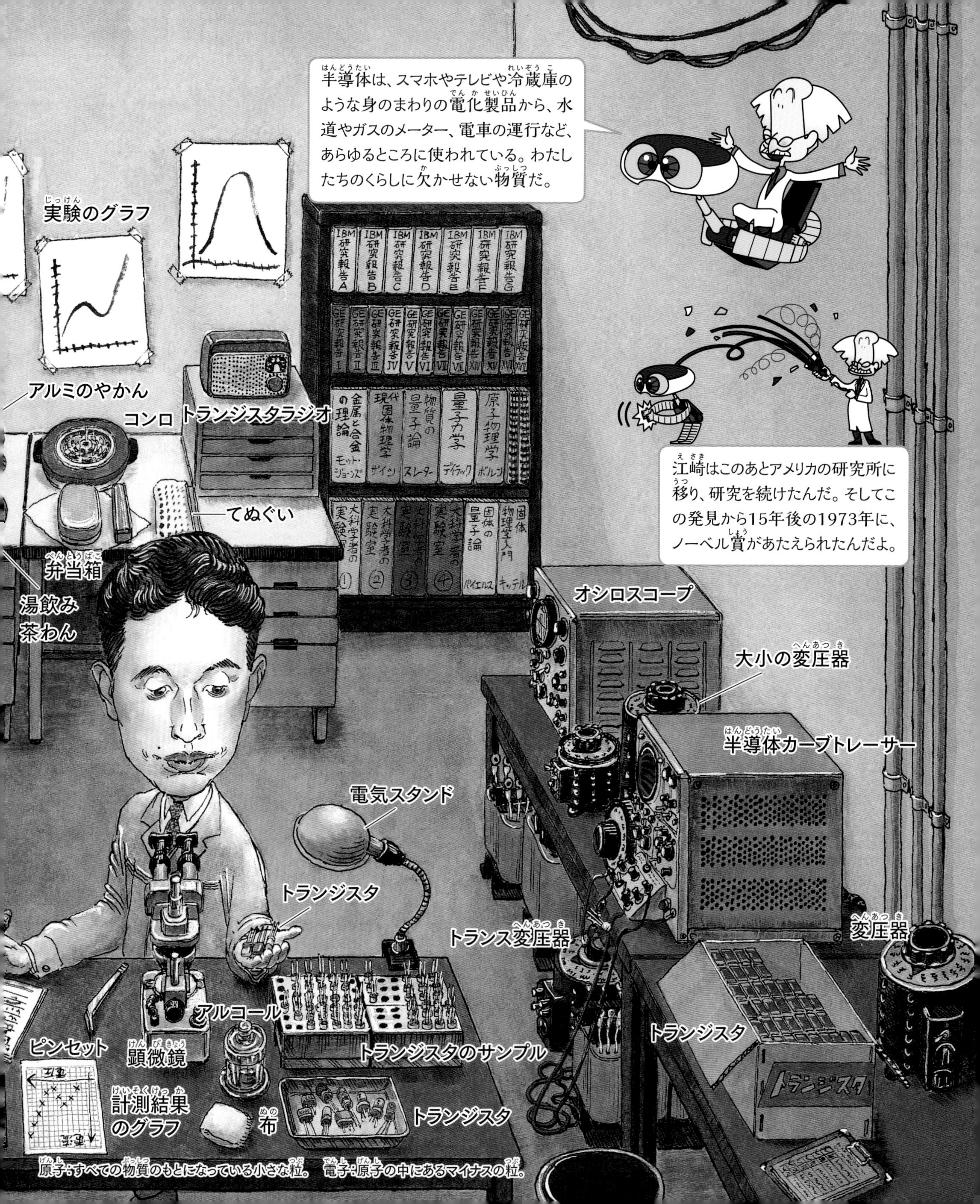

原子《げんし》：すべての物質《ぶっしつ》のもとになっている小さな粒《つぶ》。　電子《でんし》：原子《げんし》の中にあるマイナスの粒《つぶ》。

物は原子《げんし》の集まりだ

すべての物は原子《げんし》でできている。形や色や性質《せいしつ》がちがうのは、原子《げんし》の種類《しゅるい》や結《むす》びつき方がちがうからなんだ。

原子《げんし》のならび方がちがうと別の物になる

ダイヤモンドと炭《すみ》は、どちらも炭素《たんそ》という原子《げんし》からできている。でもならび方がちがうんだ。

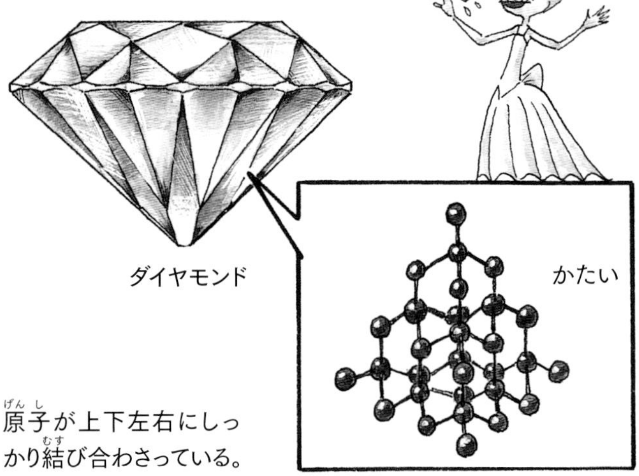
ダイヤモンド
かたい

原子《げんし》が上下左右にしっかり結《むす》び合わさっている。

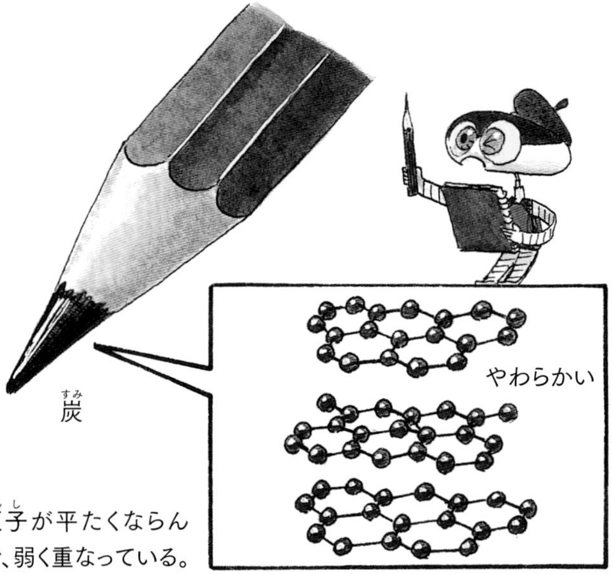
炭《すみ》
やわらかい

原子《げんし》が平たくならんで、弱く重なっている。

原子《げんし》のつながる力が弱くなると別の物になる

温度が上がると、原子《げんし》は大きく動き出して結《むす》びつく力をふり切り、物の姿《すがた》が変わる。

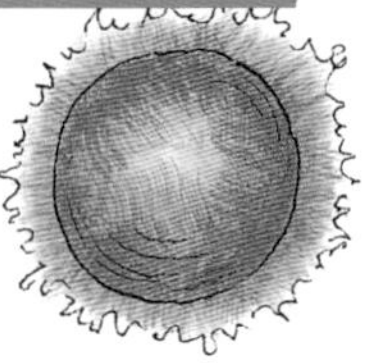

氷
水
水蒸気《すいじょうき》
きっちり
ゆるゆる
ぱらぱら

ただし原子《げんし》は変化しない！

物を切ってもたたいても熱《ねっ》しても、原子《げんし》そのものは割《わ》れたりとけたりしないんだ。

イタッ!

原子《げんし》の組み合わせが変わると別の物になる

物が燃《も》えたりとけたりすると、物がなくなってしまうように見えるけど、原子《げんし》の組み合わせが変わって、別の物に変化しただけなんだ。

空気中の酸素《さんそ》
二酸化炭素《にさんかたんそ》
水
二酸化炭素《にさんかたんそ》と水ができる
ろうそくは、二酸化炭素《にさんかたんそ》と水(水蒸気《すいじょうき》)に姿《すがた》を変えたんだよ

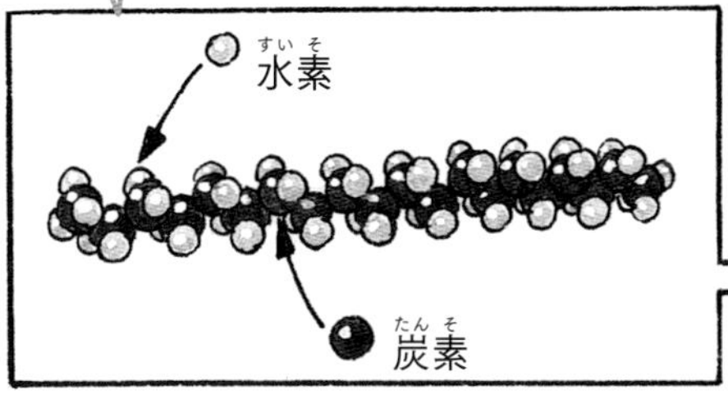
ろうそくは炭素《たんそ》と水素《すいそ》の原子《げんし》でできている。燃《も》えると原子《げんし》の結《むす》びつきがほどけて、それぞれが空気中にある酸素《さんそ》の原子《げんし》と結《むす》びつくんだ。
水素《すいそ》
炭素《たんそ》

原子《げんし》の大きさは？

原子《げんし》はすごく小さくて顕微鏡《けんびきょう》でも見ることができないが、カミナリの実験《じっけん》で有名なフランクリン(14ページ)は、こんな実験《じっけん》で原子《げんし》の大きさを想像《そうぞう》したんだ。

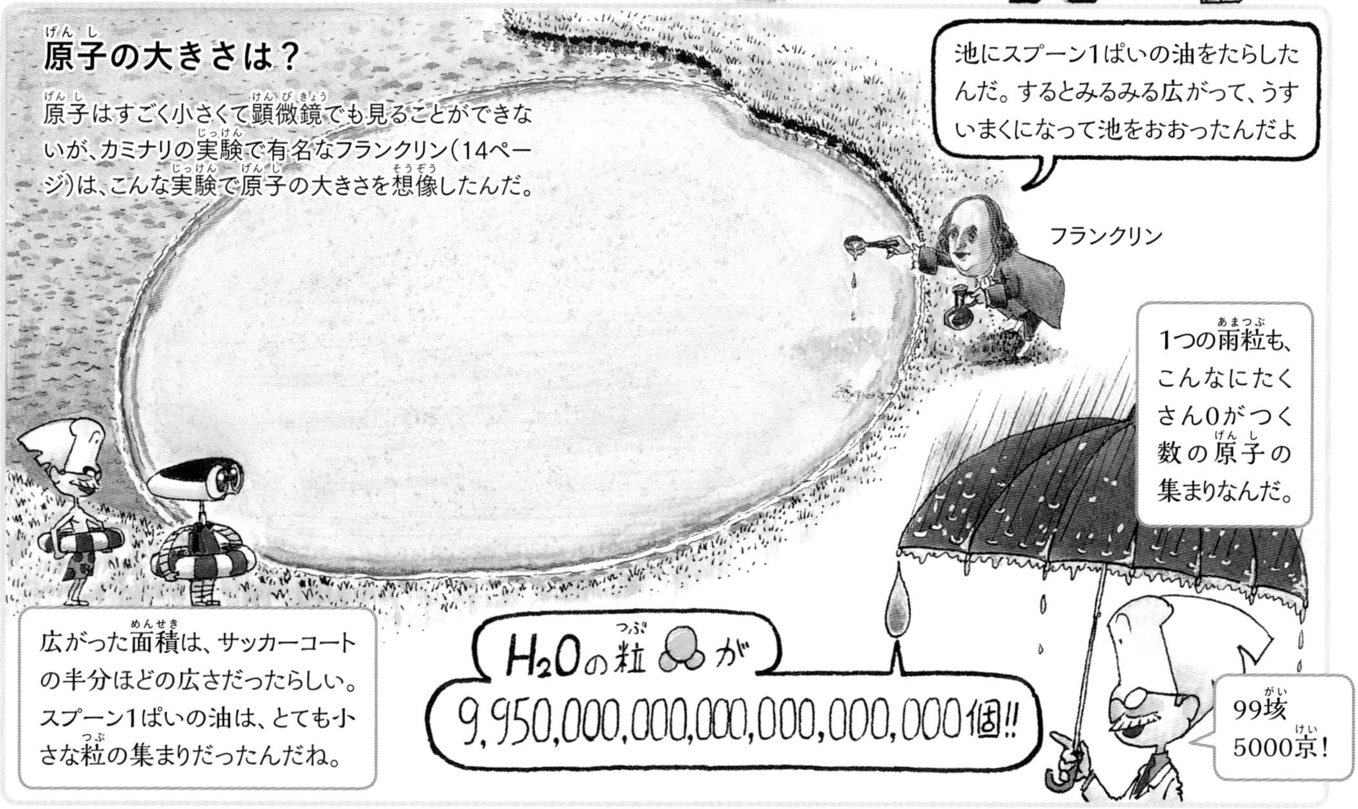
池にスプーン1ぱいの油をたらしたんだ。するとみるみる広がって、うすいまくになって池をおおったんだよ
フランクリン
1つの雨粒《あまつぶ》も、こんなにたくさん0がつく数の原子《げんし》の集まりなんだ。
広がった面積《めんせき》は、サッカーコートの半分ほどの広さだったらしい。スプーン1ぱいの油は、とても小さな粒《つぶ》の集まりだったんだね。
H_2Oの粒《つぶ》が
9,950,000,000,000,000,000,000個!!
99垓《がい》5000京《けい》!

原子《げんし》:すべての物質《ぶっしつ》のもとになっている小さな粒《つぶ》。

原子《げんし》って何だ？

すべての物質《ぶっしつ》は原子《げんし》という小さな粒《つぶ》からできている。あまりにも小さすぎて目で見ることはできないけれど、科学者はさまざまな方法でその中身まで明らかにしてきた。

どうして空に放射《ほうしゃ》線《せん》が？
ヘス
1883～1964
放射線《ほうしゃせん》は宇宙《うちゅう》からもふってくることを発見した。

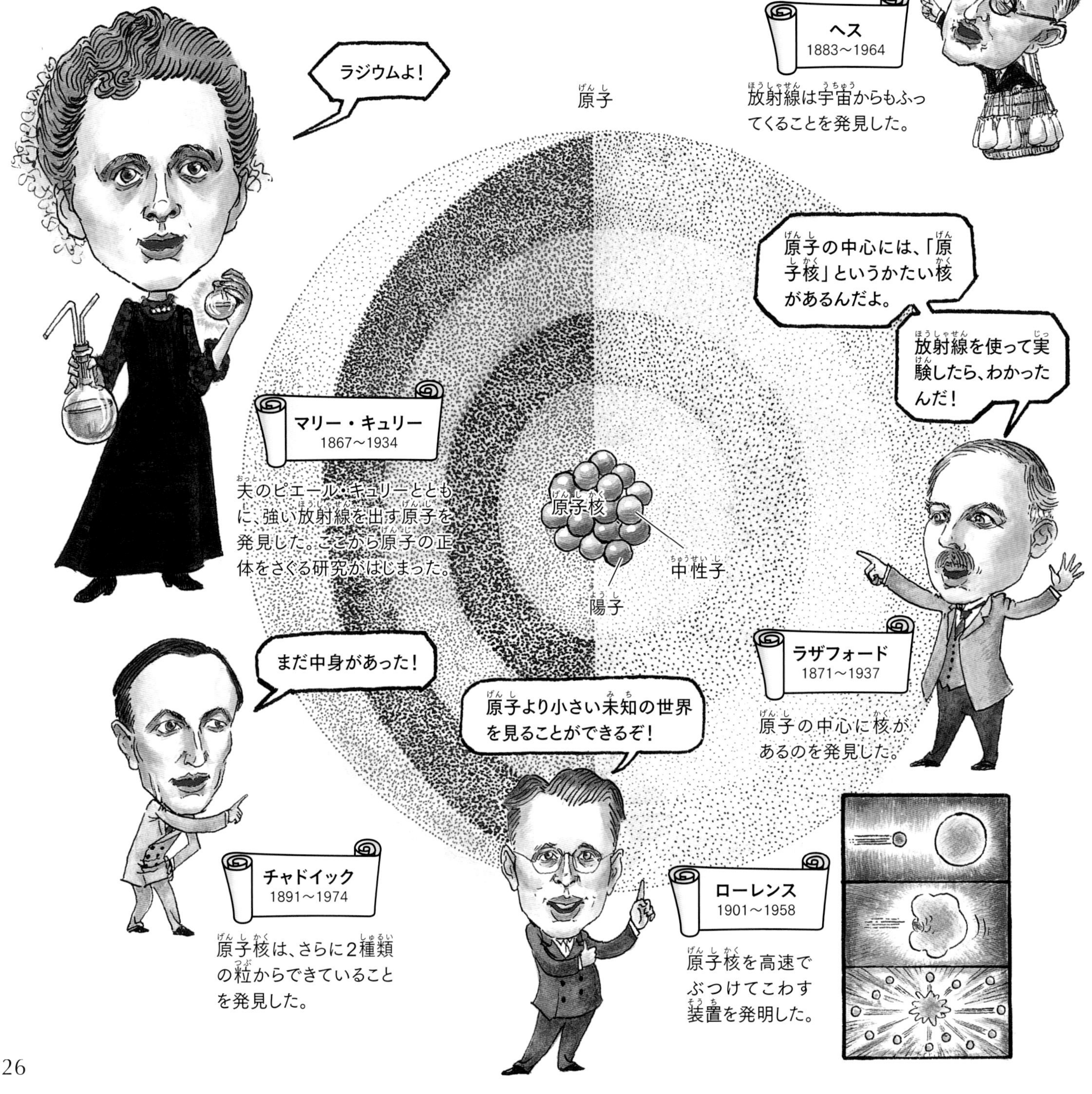
ラジウムよ！
マリー・キュリー
1867～1934
夫《おっと》のピエール・キュリーとともに、強い放射線《ほうしゃせん》を出す原子《げんし》を発見した。ここから原子《げんし》の正体をさぐる研究がはじまった。
原子《げんし》
原子核《げんしかく》
中性子《ちゅうせいし》
陽子《ようし》
原《げん》子核《しかく》の中心には、「原子《げんし》核」というかたい核《かく》があるんだよ。
放射線《ほうしゃせん》を使って実《じっ》験《けん》したら、わかったんだ！
ラザフォード
1871～1937
原子《げんし》の中心に核《かく》があるのを発見した。
まだ中身があった！
チャドイック
1891～1974
原子核《げんしかく》は、さらに2種類《しゅるい》の粒《つぶ》からできていることを発見した。
原子《げんし》より小さい未知《みち》の世界を見ることができるぞ！
ローレンス
1901～1958
原子核《げんしかく》を高速でぶつけてこわす装置《そうち》を発明した。

原子《げんし》の中をのぞいていくと

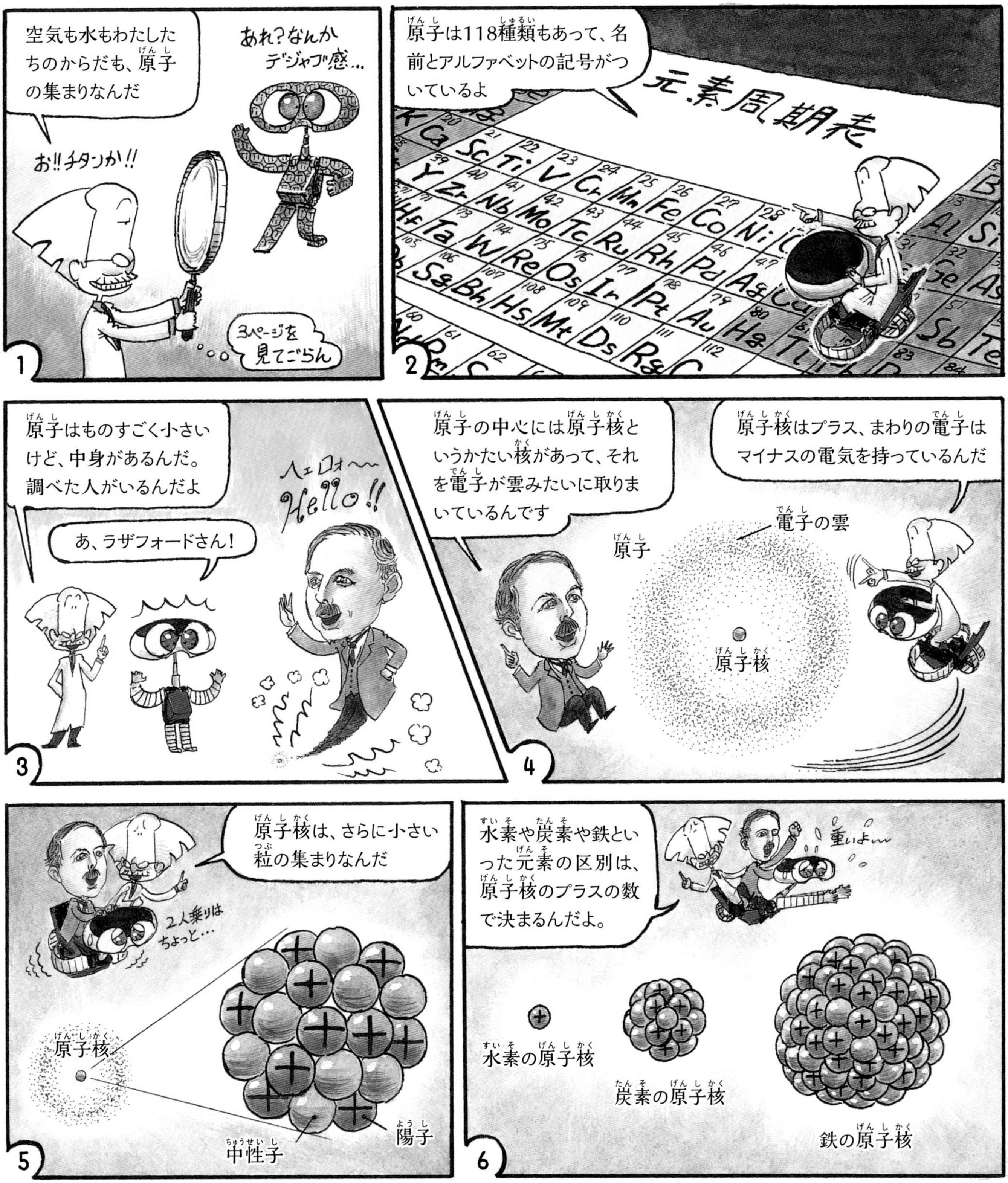

空気も水もわたしたちのからだも、原子《げんし》の集まりなんだ
お!!チタンか!!
あれ?なんかデジャブ感…
3ページを見てごらん
原子《げんし》は118種類《しゅるい》もあって、名前とアルファベットの記号がついているよ
元素周期表
原子《げんし》はものすごく小さいけど、中身があるんだ。調べた人がいるんだよ
あ、ラザフォードさん!
ヘェロォ〜 Hello!!
原子《げんし》の中心には原子核《げんしかく》というかたい核《かく》があって、それを電子《でんし》が雲みたいに取りまいているんです
原子核《げんしかく》はプラス、まわりの電子《でんし》はマイナスの電気を持っているんだ
原子《げんし》
電子《でんし》の雲
原子核《げんしかく》
原子核《げんしかく》は、さらに小さい粒《つぶ》の集まりなんだ
2人乗りはちょっと…
原子核《げんしかく》
陽子《ようし》
中性子《ちゅうせいし》
水素《すいそ》や炭素《たんそ》や鉄といった元素《げんそ》の区別は、原子核《げんしかく》のプラスの数で決まるんだよ。
重いよ〜
水素《すいそ》の原子核《げんしかく》
炭素《たんそ》の原子核《げんしかく》
鉄の原子核《げんしかく》

放射線《ほうしゃせん》:原子核《げんしかく》(原子《げんし》の中心にある核《かく》)がこわれるときに出る粒《つぶ》で、とても大きなエネルギーを持っている。　陽子《ようし》:原子核《げんしかく》の中にある小さな粒《つぶ》で、プラスの電気を持っている。　中性子《ちゅうせいし》:原子核《げんしかく》の中にある小さな粒《つぶ》で、電気を持っていない。　元素《げんそ》:物を性質《せいしつ》で分《わ》けたときそれ以上《いじょう》分《わ》けられないもの。

キュリー夫妻《ふさい》の実験室《じっけんしつ》

マリーとピエールは、ウランやラジウムから出る強いエネルギーの正体を明らかにしようと、自分で装置《そうち》を工夫《くふう》してその強さをはかった。このエネルギーは放射線《ほうしゃせん》と名づけられ、原子《げんし》から出ていることがわかって原子《げんし》の研究が一気に進んだ。

ベクレルという学者が、ウランからエネルギーの強い光線が出ているのを発見していたが、ベクレルはその正体がわからなかったんだ。
ジムロート冷却器《れいきゃくき》
スタンド
遠心分離器《えんしんぶんりき》
ガスの元栓《もとせん》
つり電球
えんとつ
フラスコ
デジケーター（防湿容器《ぼうしつようき》）
金たらい
机《つくえ》
ピッチブレンドをかき混《ま》ぜる鉄《てつ》の棒《ぼう》
蛇口《じゃぐち》
2人は大量《たいりょう》の岩石を高熱《こうねつ》でとかし、何年も苦労して、見たこともない強いエネルギーを持つラジウムを取り出したんだ。ラジウムは、ウランの250万倍の放射線《ほうしゃせん》を出していたんだよ。
排気《はいき》フード
電源盤《でんげんばん》
時計
薬品ボトル
ストーブ
すりつぶす乳鉢《にゅうばち》と乳棒《にゅうぼう》
ピエール・キュリー
ピッチブレンド
大がま
るつぼばさみ
炉《ろ》
微弱電流計《びじゃくでんりゅうけい》の試作品《しさくひん》
数トンの岩石からたった0.1グラム！
ラジウムやウランが混《ま》ざっている岩石（ピッチブレンド）
ラジウムの放射線《ほうしゃせん》がいつまでたっても減《へ》らないので、2人は永久《えいきゅう》のエネルギーを見つけたとおどろいたんだ。
蒸留《じょうりゅう》皿
ラジウムの結晶《けっしょう》
机《つくえ》
三脚《さんきゃく》
ビーカー
じつは、ラジウムの放射線《ほうしゃせん》が半分に減《へ》るにはおよそ1600年かかるんだ。これはあとになってわかったんだけどね。

マリーさん、何しているの?
放射線《ほうしゃせん》の量《りょう》をはかっているんだ。
物質《ぶっしつ》が放射線《ほうしゃせん》を出すと、まわりの空気はプラスとマイナスに分《わ》かれるんだ。マリーは、発生したマイナスの量《りょう》から放射線《ほうしゃせん》の強さをはかろうとしているんだよ。
この実験装置《じっけんそうち》は、電離箱《でんりばこ》の中で放射線《ほうしゃせん》が出している電気と、微弱電流計《びじゃくでんりゅうけい》の電気のバランスを、はね返る光の角度ではかるしかけになっているんだ。マリーは、光がめもりじょうぎの中心にもどってくるように分銅《ふんどう》を置《お》きかえている。分銅《ふんどう》の重さで放射線《ほうしゃせん》の量《りょう》をしめすためにね。とてもきんちょうする作業だよ。
つり電球
つり電球
2人はラジウムを発見したことで有名だけど、自分たちで装置《そうち》を工夫《くふう》して放射線《ほうしゃせん》の強さをはかり、その度合《どあ》いをキチンと数字であらわしたことがすごいんだ。
ラジウムから出る放射線《ほうしゃせん》がべらぼうに強いので、手作りの装置《そうち》でもはかれたんだ。いまは精密《せいみつ》な機械《きかい》でとても弱い放射線《ほうしゃせん》もはかれるよ。
AMP
ガスの元栓《もとせん》
机《つくえ》
電流計《でんりゅうけい》
マリー・キュリー
めもりじょうぎ
ピエールが開発した微弱電流計《びじゃくでんりゅうけい》
ラジウムなど実験試料《じっけんしりょう》の保管容器《ほかんようき》
象限電圧計《しょうげんでんあつけい》
光
薬品ビン
光源《こうげん》
ストップウォッチ
放射線《ほうしゃせん》を出す物質《ぶっしつ》を入れる電離箱《でんりばこ》
台
金属棒《きんぞくぼう》
アルミはく
支柱《しちゅう》
支柱《しちゅう》
分銅皿《ふんどうざら》
分銅《ふんどう》
机《つくえ》
電線
いす
いす
バッテリー
実験《じっけん》ノート
このころは、放射線《ほうしゃせん》がからだに与える影響《えいきょう》がわかっていなかった。マリーは実験《じっけん》で放射線《ほうしゃせん》をたくさん浴《あ》び続《つづ》けて、白血《はっけつ》病《びょう》で亡《な》くなったんだ。
机《つくえ》

ウラン、ラジウム:どちらも元素《げんそ》の一つ。元素《げんそ》は、物を性質《せいしつ》で分《わ》けたときそれ以上《いじょう》分《わ》けられないもの。 放射線《ほうしゃせん》:原子核《げんしかく》(原子《げんし》の中心にある核《かく》)がこわれるときに出る粒《つぶ》で、とても大きなエネルギーを持っている。 原子《げんし》:すべての物質《ぶっしつ》のもとになっている小さな粒《つぶ》。

原子《げんし》の正体にせまる

空に上って

キュリーの発見が正しいか確《たし》かめようと、ヘスは気球に乗って空に上がり、放射線《ほうしゃせん》をはかってみた。すると、宇宙《うちゅう》からも放射《ほうしゃ》線《せん》が来ていることがわかった。

キュリーさんのいうように放射線《ほうしゃせん》が地面の岩石から出ているだけなら、上空に行けば放射線《ほうしゃせん》は減《へ》るはずだ
10.000m
9.000m
8.000m
7.000m
6.000m
5.000m
4.000m
3.000m
2.000m
1.000m
ヘス
確《たし》かに減《へ》るけど、千メートルより上に上がると逆《ぎゃく》にふえていくぞ…そうか！空からも放射線《ほうしゃせん》が来てるんだ！

宇宙《うちゅう》から放射線《ほうしゃせん》はひっきりなしにやってきて、空気と反応《はんのう》してたくさんの粒子《りゅうし》を生み出し、大きく広がるんだ。パッと現《あらわ》れては消えているんだよ。

ヘスがじっさいにはかっていたのは、空気中のマイナス電気なんだ。放射線《ほうしゃせん》は空気中の原子《げんし》をプラスとマイナスに分《わ》けるので、マイナスの量《りょう》をはかることで放射線《ほうしゃせん》の量《りょう》がわかるんだよ。

実験室《じっけんしつ》で

原子《げんし》の中がどうなっているか調べようと、ラザフォードは放射線《ほうしゃせん》を打ちこんだ。すると、原子《げんし》のまん中に核《かく》があるのを発見した。

原子《げんし》のかこいはがんじょうで、ふつうじゃ中に入れないけれど、放《ほう》射線《しゃせん》のエネルギーはとても強いので、ぬけることができるんだ。

原子《げんし》の中にプラスの電気を持った粒《つぶ》があるのはわかっていたが、それはブドウパンみたいに散《ち》らばっていると考える科学者もいた。しかしこの実験《じっけん》で、まん中に小さくかたまっていることがわかったんだ。

打ちこんだ放射線《ほうしゃせん》のはね返り方を見て、かたい小さな核《かく》が原子《げんし》の中心にあることがわかったんだ

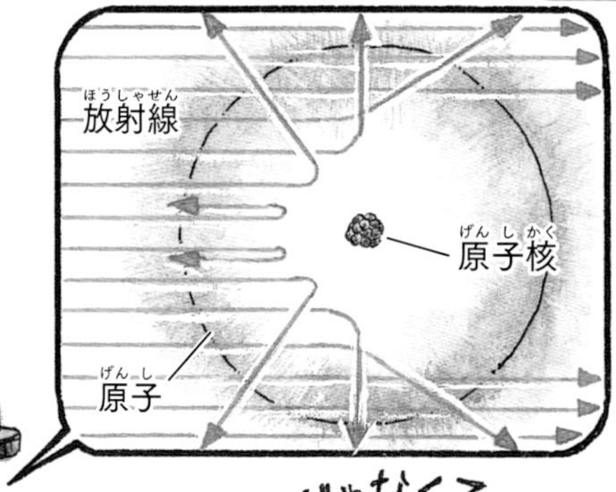

放射線《ほうしゃせん》
原子核《げんしかく》
原子《げんし》

この粒《つぶ》が「原子核《げんしかく》」だよ。

じゃなくて…
だった！
原子核《げんしかく》

巨大《きょだい》な装置《そうち》で

地上に見える巨大《きょだい》な円形の装置《そうち》は、原子核《げんしかく》をすごい速さで飛《と》ばす「加《か》速器《そくき》」という装置《そうち》だ。原子核《げんしかく》を高速でぶつけてこなごなにして、中から飛《と》び出してくる未知《みち》の粒《つぶ》を観測《かんそく》する。宇宙誕生《うちゅうたんじょう》のナゾにせまる実験《じっけん》だ。

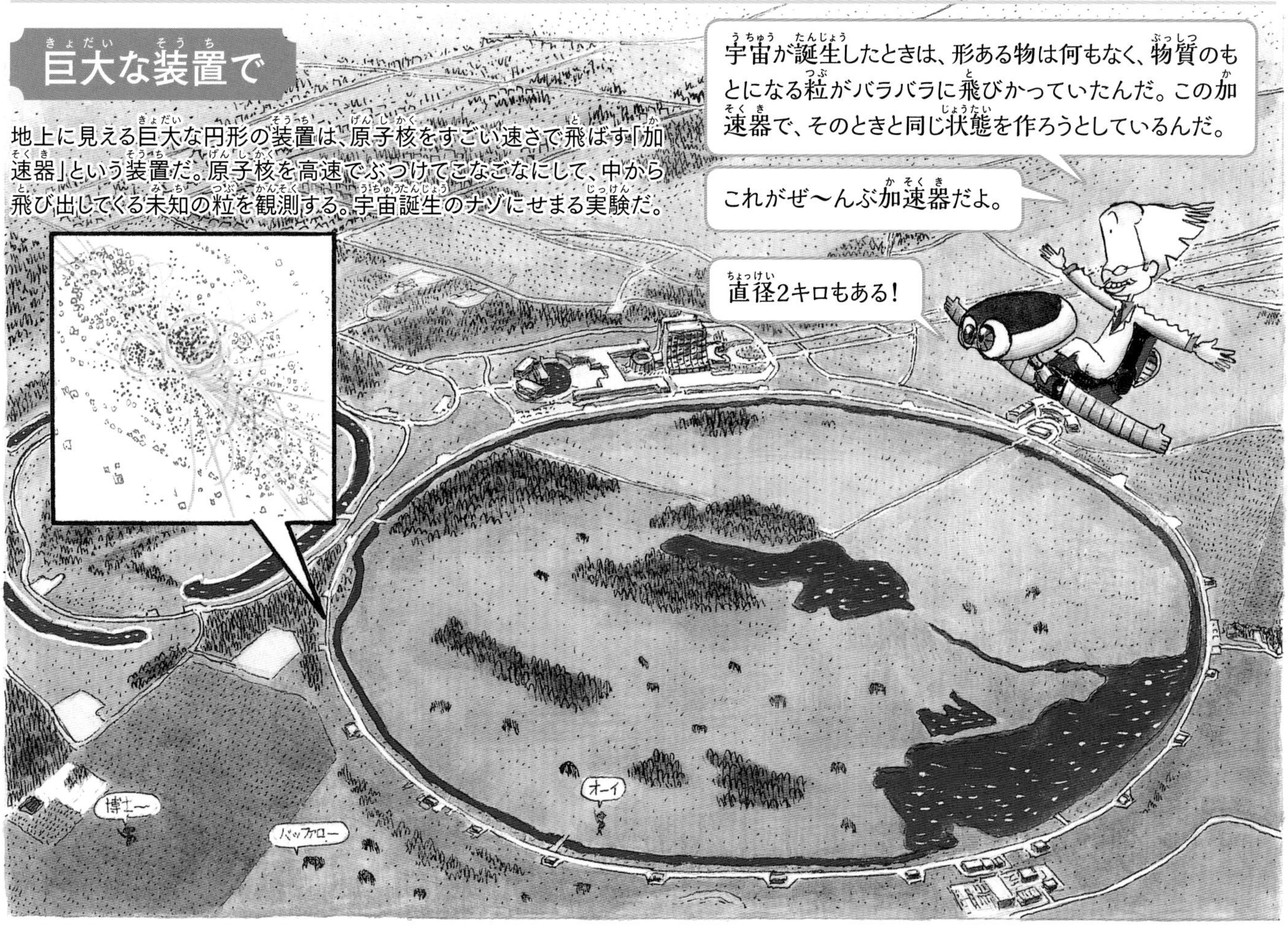

宇宙《うちゅう》が誕生《たんじょう》したときは、形ある物は何もなく、物質《ぶっしつ》のもとになる粒《つぶ》がバラバラに飛《と》びかっていたんだ。この加《か》速器《そくき》で、そのときと同じ状態《じょうたい》を作ろうとしているんだ。
これがぜ〜んぶ加速器《かそくき》だよ。
直径《ちょっけい》2キロもある!
オーイ
博士〜
バッファロー

光は原子《げんし》が作っていた

原子核《げんしかく》を取りまいている電子《でんし》が、内側《うちがわ》に落ちるときに光を出す。これが光の正体だ。

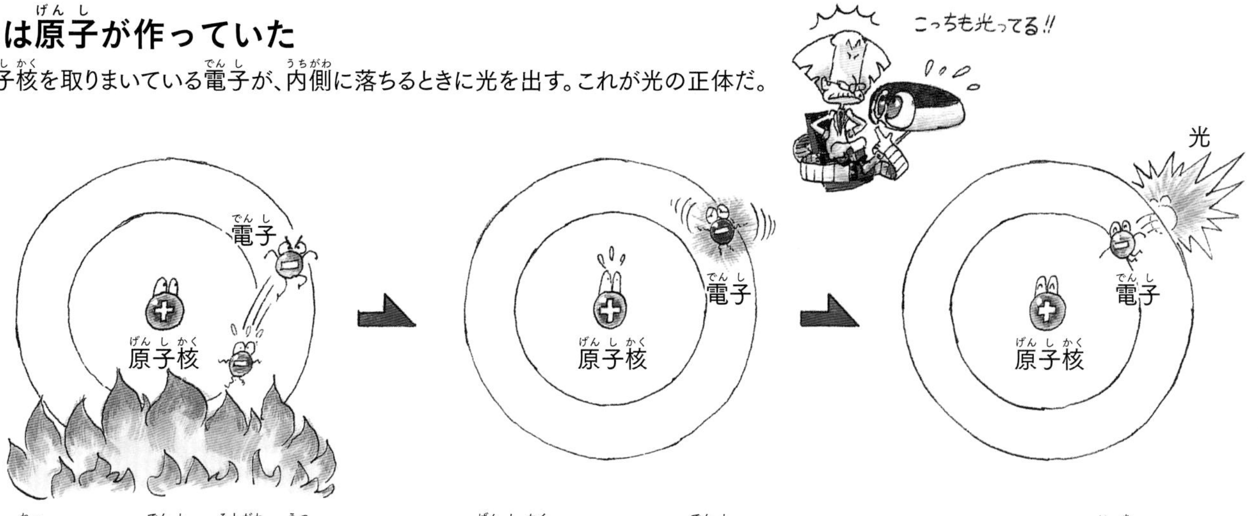

こっちも光ってる!!
電子《でんし》
原子核《げんしかく》
電子《でんし》
原子核《げんしかく》
光
電子《でんし》
原子核《げんしかく》

熱《ねっ》せられると電子《でんし》が外側《そとがわ》に移《うつ》る

原子核《げんしかく》からはなれた電子《でんし》は不安定《ふあんてい》になって…

光を放り出して、もとの位置《いち》にもどる!

原子《げんし》:すべての物質《ぶっしつ》のもとになっている小さな粒《つぶ》。　放射線《ほうしゃせん》:原子核《げんしかく》(原子《げんし》の中心にある核《かく》)がこわれるときに出る粒《つぶ》で、とても大きなエネルギーを持っている。
原子核《げんしかく》:原子《げんし》の中心にある、プラスを帯《お》びたかたい核《かく》。　電子《でんし》:原子《げんし》の中にあるマイナスの粒《つぶ》。

科学者が活躍《かつやく》した時代

世紀《せいき》　1万年前ごろ　紀元前《きげんぜん》　紀元後《きげんご》　16　17　18

時代　縄文《じょうもん》時代　弥生《やよい》時代　戦国《せんごく》時代　江戸《えど》時代

本書に登場する科学者（　）はページ

タレス
紀元前《きげんぜん》624〜546

琥珀《こはく》をこすって静《せい》電気《でんき》を発見した。
(15,18)

ガリレオ
1564〜1642

空気に重さがあることや光に速さがあることを実験《じっけん》で確かめようとした。
(4,13)

トリチェリ
1608〜1647

空気に重さがあることを発見した。
(2,4,6)

ニュートン
1642〜1720

光は粒《つぶ》の性質《せいしつ》を持つと主張《しゅちょう》した。
(12)

ホイヘンス
1629〜1695

光は波の性質《せいしつ》を持つと主張《しゅちょう》した。
(12)

パスカル
1623〜1662

高度によって空気の圧力《あつりょく》がちがうことを確《たし》かめた。
(2,6)

ガルバーニ
1737 〜 1798

動物に電気がある
かんちがいして、ボ
タが電池を発明す
きっかけを作った
(19)

ギルバート
1544〜1603

地球《ちきゅう》が巨大《きょだい》な磁《じ》石《しゃく》になっているのを発見した。
(14)

ボイル
1627〜1691

自作の真空《しんくう》ポンプを使って、空気のはたらきを調べた。
(2)

フランクリン
1706〜1790

カミナリは電気の作用であることを、たこあげ実験《じっけん》で明らかにした。
(14,25)

ゲーリケ
1602〜1686

真空《しんくう》ポンプを発明して、空気に力があることを実験《じっけん》で確かめた。
(6)

日本と世界の有名なできごと

このころからイギリスで産業《さんぎょう》革命《かくめい》がおこる

一七七六　アメリカが建国される

一七七四　杉田玄白《すぎたげんぱく》らが、解剖学《かいぼうがく》の本「解体新書《かいたいしんしょ》」を翻訳《ほんやく》出版《しゅっぱん》する

一六六一　フランスでルイ14世の絶対王政《ぜったいおうせい》がはじまる

一六四一　鎖国《さこく》が完成《かんせい》する

一六〇三　徳川家康《とくがわいえやす》が征夷大将軍《せいいたいしょうぐん》になり、江戸《えど》に幕府《ばくふ》をひらく

一六〇〇　関ヶ原《せきがはら》の戦《たたか》いがおこる

一五九〇　豊臣秀吉《とよとみひでよし》が全国を統一《とういつ》する

一五七三　織田信長《おだのぶなが》が室町幕府《むろまちばくふ》をほろぼす

一五四九　スペインの宣教師《せんきょうし》ザビエルがキリスト教を伝《つた》える

一五四三　コペルニクスが地動説《ちどうせつ》を発表する

キリスト教が成立《せいりつ》する

前四ごろ　イエスが生まれる

ギリシャ古典《こてん》文化が栄《さか》える

前五五〇ごろ　釈迦《しゃか》が生まれ、仏教《ぶっきょう》をひらく

米作りの技術《ぎじゅつ》や金属器《きんぞくき》が大陸《たいりく》から伝《つた》わる

石器《せっき》が使われる

四大文明が栄《さか》える

狩《か》りや漁《りょう》のくらしを行う

ラボアジェ
1743〜1794

空気は酸素《さんそ》や窒素《ちっそ》などいくつかの気体《きたい》が集まったものだと気づいた。
(2)

ボルタ
1745 〜 1827

電池を発明して、電気を人工的《じんこうてき》に作った。
(14,19)

ヤング
1773〜1829

光は波のように進むことを発見した。
(8,12)

ファラデー
1791〜1867

電気を流してさまざまな実験《じっけん》を行い、最初《さいしょ》の電気モーターを作った。
(14)

ケルビン
1824〜1907

空気中には、原子《げんし》という小さな粒《つぶ》が飛《と》びかっていると考えた。
(2,7)

ブンゼン
1811〜1899

元素《げんそ》によって、出る光の色がちがうことを発見した。
(8,10)

キルヒホフ
1824〜1887

電気の研究をしながら、光にも興味《きょうみ》を持ってブンゼンと実験《じっけん》を進めた。
(10)

レントゲン
1845〜1923

目に見えない光、エックス線を発見した。
(8)

ヘルツ
1857〜1894

はじめて電波を発生させた。
(14,16)

フランホーファー
1787〜1826

太陽の光にすき間があるのを見つけてくわしく観察《かんさつ》し、ブンゼンの発見につながった。
(8)

オーム
1789〜1854

電気の通りやすさは物によってちがうことを発見した。
(20)

マックスウェル
1831〜1879

電気と磁気《じき》のはたらきに規則《きそく》があるのを発見した。
(14,16)

ベクレル
1852〜1908

世界ではじめて放《ほう》射線《しゃせん》を発見した。
(28)

一七八九　フランス革命《かくめい》がおこる
一八二一　伊能忠敬《いのうただたか》が日本地図を完成《かんせい》させる
一八五一　ロンドンで第1回万国博覧会《ばんこくはくらんかい》が開かれる
一八五三　アメリカ海軍《かいぐん》のペリーが浦賀《うらが》に来航《らいこう》して開国をせまる
一八六三　アメリカで奴隷解放宣言《どれいかいほうせんげん》が出される
一八六八　明治維新《めいじいしん》がはじまる
一八七二　鉄道が開通する
一八七三　富国強兵政策《ふこくきょうへいせいさく》がはじまる
一八八九　大日本帝国憲法《だいにほんていこくけんぽう》が発布《はっぷ》される
一八九四　日清戦争《にっしんせんそう》がはじまる（〜九五）
一八九六　第1回国際《こくさい》オリンピック大会がアテネで開かれる
一九〇一　ノーベル賞《しょう》が創設《そうせつ》される

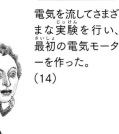

本書に登場する科学者　（　）はページ

ラザフォード
1871～1937

原子《げんし》の中心に核《かく》があるのを発見した。
（26,27,30）

プランク
1858～1947

「量子論《りょうしろん》」という新しい考えを唱《とな》えて、光と原子《げんし》のナゾにせまった。
（8,13）

ショックレー
1910～1989

固体《こたい》に流れる電気を自由にあやつるしくみを発明した。
（20）

アルフョーロフ
1930～2019

シリコンという石を材《ざい》料《りょう》にして、ハイテク部品を大量《たいりょう》に作れるようにした。
（20）

ヘス
1883～1964

放射線《ほうしゃせん》は宇宙《うちゅう》からもふってくることを発見した。
（26,30）

ブラッグ親子
1862～1942　1890～1971

いろんな物にエックス線《せん》を当てて、原子《げんし》のならび方を見ることに成功《せいこう》した。
（20）

江崎玲於奈《えさきれおな》
1925～

物質《ぶっしつ》の中で電気がふしぎな動きをするナゾをとき、コンピューターの急速な進歩につながった。
（20,22）

マリー・キュリー
1867～1934

強い放射線《ほうしゃせん》を出す原《げん》子《し》を発見した。ここから原子《げんし》の正体をさぐる研究がはじまった。
（26,28）

チャドイック
1891～1974

原子核《げんしかく》は、さらに2種類《しゅるい》の粒《つぶ》からできていることを発見した。
（26）

ピエール・キュリー
1859～1906

マリー・キュリーの夫《おっと》。放射線《ほうしゃせん》をはかる装置《そうち》を開発して、妻《つま》のマリーと研究を進めた。
（26,28）

ローレンス
1901～1958

原子核《げんしかく》を高速でぶつけてこわす装置《そうち》を発明した。
（26）

日本と世界の有名なできごと

一九〇四　日露戦争《にちろせんそう》がはじまる（～〇五）
一九一四　第一次《だいいちじ》世界大戦《たいせん》がはじまる（～一八）
一九二〇　国際連盟《こくさいれんめい》が発足《ほっそく》する
一九二二　ソビエト社会主義《しゅぎ》共和国《きょうわこく》連邦《れんぽう》（ソ連）が成立《せいりつ》する
一九三一　満州事変《まんしゅうじへん》がおこる
一九三九　第二次《だいにじ》世界《せかい》大戦《たいせん》がはじまる（～四五）
一九四一　太平洋《たいへいよう》戦争《せんそう》がはじまる（～四五）
一九四五　広島《ひろしま》と長崎《ながさき》に原子爆弾《ばくだん》が落とされる
一九四五　国際連合《こくさいれんごう》が発足《ほっそく》する
一九四六　日本国憲法《にほんこくけんぽう》が公布《こうふ》される
一九五七　ソ連が世界初の人工衛星《じんこうえいせい》を打ち上げる
　　　　　高度経済成長《こうどけいざいせいちょう》がはじまる
一九六一　ベルリンの壁《かべ》が作られる
一九六四　オリンピック東京大会が開かれる
一九六五　ベトナム戦争《せんそう》がはげしくなる（～七五）
一九六九　アメリカのアポロ11号が月面着陸《げつめんちゃくりく》に成功《せいこう》する
一九七二　日中共同声明《にっちゅうきょうどうせいめい》に調印《ちょういん》し、日本と中国の国交《こっこう》が正常化《せいじょうか》する
一九八六　ソ連《れん》のチェルノブイリ原子力発電所《げんしりょくはつでんしょ》で爆発事故《ばくはつじこ》がおこる
一九八九　ベルリンの壁《かべ》がこわされる
一九九〇　東西ドイツが統一《とういつ》される
一九九一　ソ連《れん》が解体《かいたい》する
一九九三　EUが発足《ほっそく》する
一九九五　阪神《はんしん》・淡路大震災《あわじだいしんさい》がおこる
二〇〇一　アメリカで同時多発《どうじたはつ》テロがおこる
二〇〇三　イラク戦争《せんそう》がおこる

さくいん

この本では、科学者たちの実験室《じっけんしつ》を再現《さいげん》するために、世界中のたくさんの資料《しりょう》を探《さが》し回って調べたんだ。
それでも調べがつかなかったことは、その時代のようすから考えて想像《そうぞう》したんだよ。
ちょっとした遊びゴコロも入れてね

佐藤文隆(さとう　ふみたか)　編著

1938年山形県白鷹町生まれ。1960年京都大学卒、京都大学名誉教授、元湯川記念財団理事長。宇宙物理、一般相対論の理論物理学を専攻。著書に『宇宙物理への道』『湯川秀樹の考えたこと』(ともに岩波ジュニア新書)など一般書多数。

くさばよしみ　著

京都市生まれ。京都府立大学卒。編集者。編・著書に『世界でいちばん貧しい大統領のスピーチ』『地球を救う仕事全6巻』(ともに汐文社)、『おしごと図鑑シリーズ』(フレーベル館)『科学にすがるな!』(岩波書店)ほか。

たなべたい　絵

京都市生まれ。京都精華大学美術学部デザイン学科マンガ分野、同大学院美術研究科諷刺画分野修了。大学2回生で漫画家デビュー後、漫画や似顔絵の分野で活動。2007年、第28回読売国際漫画大賞近藤日出造賞受賞。

デザイン:上野かおる・中島佳那子(鷺草デザイン事務所)

協　　力:北野正雄(京都大学名誉教授)
　　　　　廣田襄(京都大学名誉教授)

潜入《せんにゅう》!　天才科学者の実験室《じっけんしつ》

③「もの」は何からできている?——キュリーほか

2020年9月　初版第1刷発行

編著……………佐藤文隆
著………………くさばよしみ
絵………………たなべたい
発行者…………小安宏幸
発行所…………株式会社汐文社
　　　　　　　〒102-0071
　　　　　　　東京都千代田区富士見1-6-1
　　　　　　　TEL 03-6862-5200　FAX 03-6862-5202
　　　　　　　https://www.choubunsha.com
印刷……………新星社西川印刷株式会社
製本……………東京美術紙工協業組合

ISBN978-4-8113-2675-7